내 아이를 위한
컬러 테라피

오현주의 색깔 있는 부모교육

내 아이를 위한
컬러 테라피

오현주 지음

한국경제신문 i

프롤로그

컬러 감정과
성격이 중요한 이유

TV 프로그램 〈금쪽같은 내 새끼〉로 유명한 오은영 박사님에 의하면 사람이 행복하기 위해서는 두 가지가 필요하다고 한다. 첫째는 마음이 편안한 것이고 둘째는 관계가 좋은 것이다. 물론 돈이나 건강은 말할 것도 없이 중요하다. 그러나 더 중요한 것을 굳이 뽑는다면 관계라고 한다.

부자라고 밥 다섯 끼를 먹는 것도 아니고 황금 변기를 이용하는 것도 아니라는 박사님의 말에 웃음이 빵 터졌다. 돈과 건강은 개인의 노력이다. 이 두 가지를 제외하고 관계라는 것을 이야기해보자. 관계를 위해 무엇이 필요한 것일까. 그것은 감정을 읽을 수 있어야 한다.

최근 미국 과학 아카데미 회보에 낸 논문에서 감정들을 분석한 공간 분포 지도를 만들어 인터넷에 공개했다. 많은 감정이 있지만 27개 정도로 감정들이 식별되었다. 이런 감정 상태는 다양한 컬러로 표현해서 감정의 지도가 완성되었다. 심리학자들은 거의 33만 명에 가까운 실험참가자들을 대상으로 한 감정 통계를 이미지와 색으로 분류하며 말한다. 감정은 다양한 물감을 이용한 그림처럼 섞여 있다고 말이다.

성격은 인간의 기분, 감정들이 모여 정서를 만들고 정서를 처리하는 방식이 성격이 된다. 컬러는 태양 빛이 주는 선물이다. 다양한 컬러를 보면서 사람들은 비슷한 감정을 갖는다. 이 감정들을 처리하는 방식을 이해하는 도구로 컬러를 사용한다. 컬러의 감정을 들여다봄으로 나의 마음을 이해하고 내 삶의 변화를 꾀하는 것, 그 심리를 이용해서 타인까지도 치유할 수 있는 것이 컬러 테라피다.

감정처리방식은 관계마다 달라지고 다르게 반응하기 때문에 그때마다 감정의 변화를 빨리 알아차리는 것이 중요하다. 컬러 성격 유형은 한 가지 색으로 규정지을 수 없다. 그리고 상황마다 다른 컬러 성격을 사용한다.

여러 가지 색채가 담겨있는 디지털 그림을 생각해보자. 클릭 한 번으로 색채의 비율을 바로바로 바꿀 수 있다. 두 그림 모두 삼원색으로 이루어졌다고 가정해보자.

한 가지 그림은 바탕의 80%가 노랑이다. 다른 그림은 파랑이 80%를 차지했다고 가정한다면 두 그림이 주는 느낌은 확연히 다르다. 그래서 같은 컬러를 가지고 있다고 해도 다른 사람처럼 느껴진다.

사람은 나이를 먹으면서 다양한 역할을 갖는다. 부모로서, 자식으로서, 대표로서, 직원으로서 그때마다 내가 어떤 성격을 쓰고 있는지 읽을 수 있어야 한다. 그래야 내 마음이 어디로 흘러가고 어떻게 바뀌는지 안다. 이성적 사고와 감정이 적절히 조화를 이루게 될 때 우리는 행복한 관계를 만들어나갈 수 있다. 그렇다면 내 아이와 좋은 관계를 맺기 위해 무엇보다 아이를 위한 교육을 생각하지 않을 수 없다.

과학은 발전하고 인간의 수명은 점점 늘어난다. 옛말에 '10년이면 강산이 변한다'라고 했다. 하지만 지금은 1년이면 전 세계가 변한다. 너무 빠르다. 코로나19로 인해 사람들 간의 접촉을 막고자 무인 상점이 들어서고 있고, 로봇이 일자리를 차지하고 있다. 아무리 공부해도 인공지능을 이길 수 없고 섬세한 예술영역도 인공지능이 따라잡고 있다.

그렇다면 이런 세상에서 우리는 아이들에게 무엇을 가르쳐야 하는가 생각해보아야 한다. 우선 부모는 우리 아이들의 세상을 이해하고 알아야 한다. 내가 어릴 때부터 받은 교육과 정서로 내 아이를 교육하려고 하면 실패할 확률이 크다. 우선 부모들의 이해를 돕기 위해 지금 Z세대 아이들의 특성을 알아보면 어떠한 교육을 시켜야 하는지 답이 나올 것이다.

Z세대는 우리 부모 세대와 다른 정보접속과 소통방식으로 새로운

세상을 경험하며 살고 있다. 이들은 태어날 때부터 언제 어디서나 터치 스크린으로 동영상이 재생되는 스마트폰을 가까이하며 자라난 세대다. 즉 말보다는 인스타그램이나 유튜브, 블로그 등 디지털 소통방식을 이용한다. 수동적인 부모와 다르게 정보를 능동적으로 찾을 수 있으며, 빠르게 정보를 습득하고 세상의 변화에도 유연하게 대응한다.

아이들은 디지털 콘텐츠와 친하고 게임을 소통 수단으로 삼고 있다. 이런 세상에서 우리는 아이들에게 무엇을 가르쳐야 하는가? 이제는 게임을 하는 아이들을 마냥 막을 수 있는 시대는 아니다. 그들의 세상이기 때문이다. 아이들을 교육시키는 것이 더 어려워지는 현실이다. 그러나 아무리 과학이 발달해도 인간의 영적 의식이나 심리적인 부분은 로봇이나 AI가 따라올 수 없는 영역이다. 타인의 심리를 이해하고 융합할 수 있는 힘 그리고 무한한 창조적인 힘이 필요하다.

컬러를 통해 내 마음을 들여다보는 것은 자신의 감정의 빛과 그림자를 이해하는 것이다. 컬러 성격으로부터 나의 잠재력을 알 수 있고 타인의 마음을 이해하고 배려하는 힘을 기른다. 보이지 않는 것으로부터 상상하며 창조할 수 있는 힘, 자신을 통제하고 관리하며 마음이 원하는 방향을 따라갈 수 있는 힘, 그 마음을 긍정적인 방향으로 확장할 수 있는 힘은 바로 우리 아이들이 배워야 할 영역이다.

어떻게 컬러 성격으로 소통하며 교육할 수 있을까? 그것은 컬러가 주는 감정이 있기 때문이다. 컬러는 전문적인 단어들의 결합이 아니다.

컬러가 주는 자연의 아름다운 색으로부터 소통할 수 있는 감정 에너지다. 우리는 감정을 느낌으로 생각하고 행동할 수 있다. 감정은 우리의 뇌를 자극한다. 그 감정에 따라 생각하고 행동하면 성격이 된다.

많은 사람은 서로가 다른 존재라는 것을 안다. 그러나 아는 것을 실천에 옮기고 관계에 적용하기는 어렵다. 머리로 아는 것을 가슴으로 연결하기 어려운 것이 바로 부모와 자녀 간의 관계다.

한 엄마가 와서 말한다. "원장님 제 컬러 성격은 빨강인데 아이는 파랑이라 답답하네요. 저와 다른 것은 알겠는데 컬러 성격을 확 바꾸는 방법은 없나요?" 우리는 서로의 얼굴을 보고 체념한 듯이 소리내서 웃었다.

좋은 관계의 가장 중요한 원칙은 나와 다른 너를 인정하는 것이다. 어렴풋하게 빨강과 파랑이 서로 바꿀 수 없음을 컬러 성격을 통해 엄마는 알게 된 것이다. 결론은 인생을 살면서 내 마음을 가장 힘들게 하는 관계를 여러 가지 컬러로 이해하는 것이다. 즉 나와 다른 너를 깨닫는 것이 목적이다. 내 마음을 힘들게 하는 관계에서 우리는 조금 더 편해질 수 있다. 컬러 성격을 이해함으로써 행복이라는 것에 한 발짝 더 다가갈 수 있다.

타고난 컬러 기질은 바꿀 수 없다. 그러나 성격유형의 변화요인은 태어나면서부터 시작된다. 부모에 의해서. 국가별 문화적인 요인에 의해서, 연령 또는 남녀의 차이로 기타 여러 가지 이유로 사용하는 컬러 성격의 비율이 달라질 수 있다.

그러나 작은 노력을 통해 가지고 싶은 성격을 디자인할 수 있다. 디자인하기 전에 나와 아이가 많이 쓰고 있는 컬러 성격부터 살펴보자. 아이의 컬러 성격을 아는 엄마는 서로의 관계가 행복해지고 있음을 느낀다. 관계가 행복한 아이는 충만한 감정으로부터 자신의 잠재력에 몰입할 수 있는 힘이 생긴다. 자신의 감정을 인정해주는 부모로부터 진정한 자존감을 갖게 된다. 반복되는 관계의 충돌에서 계속 힘겨움을 토로하는 부모들의 이야기를 들어보면 늘 자신의 감정에만 충실하고 있음을 느낀다.

컬러 성격을 아는 부모가 되어 아이들에게 진정한 사랑을 선물해주자. 아이가 가진 고유한 빛깔을 있는 그대로 인정해주자. 그리고 아이만의 빛나는 잠재력을 찾아 주어야 한다. 내가 주고 싶은 사랑이 아니라 아이가 받고 싶은 사랑을 공부해보자. 왜냐하면 당신은 사랑의 선물을 주고 싶은 '부모'라는 이름을 가지고 있기 때문이다.

12컬러 테스트(컬러 바틀 고르기)

에너지 사이언스 CPA 측정 방법

R 레드   O 오렌지   Y 옐로우   G 그린   B 블루   I 인디고

P 퍼플   BG 블루그린   PK 핑크   GO 골드   T 터콰이즈   M 마젠타

끌리는 컬러 선택
- 빠르게 3초 안에 -

3초 안에 빠르게 끌리는 컬러를 선택하자

지금 이순간! 마음에 드는 컬러를 세 가지 골라보자. 나는 어떤 마음 에너지를 많이 쓰고 있는지 나의 마음속 이야기를 들을 수 있다. 그 마음속 이야기는 성격의 강점인 빛의 이야기가 될 수도 있고, 성격의 약점인 그림자 이야기가 될 수도 있다. 디지털 그림처럼 수시로 변화하는 내 마음이 어떤 컬러의 빛과 그림자에 머물고 있는지 알게 된다면 우리는 마음의 컬러를 내 의지대로 바꿀 수 있다. 빅데이터 통계 방법인 CPA 검사를 통해 타고난 컬러 성격을 알 수 있고 좋아하는 컬러의 끌림으로 지금 내가 느끼고 있는 감정들을 들여다볼 수도 있다. 이제 부모와 자녀 사이의 마음속 컬러 여행을 시작해보자.

컬러 톡 - 컬러가 말하는 빛나는 성격 이미지

열정적인 사람
목표지향적인 사람
의리 있는 사람

레드 톡

재밌는 사람 유쾌한 사람
사교적인 사람
호기심 있는 사람

오렌지 톡

밝은 사람 명랑한 사람
인정받고 싶은 사람
새로움을 찾는 사람

엘로우 톡

안정적인 사람
상식적인 사람
균형 잡힌 사람

그린 톡

이성적인 사람
약속을 잘 지키는 사람
성실한 사람

블루 톡

개성이 강한 사람
독립적인 사람
자유로운 사람

터콰이즈 톡

카리스마 있는 사람
지적 호기심이 많은 사람
생각 깊은 사람

인디고 톡

열심히 하는 사람
긍정적인 사람
희생적인 사람

마젠타 톡

독특한 사람
예술적 기질의 사람
상상력이 있는 사람

퍼플 톡

성취욕구가 있는 사람
도전적인 사람
지혜 있는 사람

골드 톡

사랑스러운 사람
배려하는 사람
친절한 사람

핑크 톡

성숙한 사람
균형 잡힌 사람
인내심이 있는 사람

블루그린 톡

Chapter 2.
색다른 부모 마음 12컬러 이야기

Chapter 3.
색다른 아이 마음 12컬러 이야기

Chapter 4.
부모와 아이의 컬러 동상이몽

Chapter 1.
컬러 성격의 비밀이야기

좋은 부모는
컬러 성격을 알고 있다

사진 출처 : shutterstock.com(이하 동일)

　부모들은 아이를 키우면서 다음과 같은 질문을 종종 받는다. "자
녀를 어떤 아이로 키우고 싶으세요?" 어린아이를 키우는 부모들은 흔
히 '건강하고 행복하면 된다'고 말한다. 그러나 초등학교에 입학하면서
부터 상황은 달라진다. 엄마들은 공부를 잘하는 똑똑한 아이를 선호
한다. 부모라는 이름으로 아이에게 많은 기대를 하기 시작한다.

아이가 태어나기 전에는 딱 한 가지 소망을 갖는다. "제발 건강하게만 태어났으면 좋겠어요." 그런데 태어나자마자 부모는 아이의 외모를 살핀다. 마냥 이쁘기도 하고 신기하기도 하다. 그러나 순간 쌍꺼풀이 있는지, 피부색은 하얀지, 다리는 긴지를 조심스럽게 살핀다.

영유아 발달과정을 담은 책들도 꼼꼼히 읽어본다. 내 아이가 정상적으로 자라고 있는지 궁금하기 때문이다. 또래보다 상대적으로 말이 늦은 것은 아닌지 걱정하기도 한다. 기저귀를 빨리 떼어서 자랑하고 싶고, 한글도 친구 아이보다 일찍 깨우치게 하고 싶다. 어느 순간 아이에 대한 사랑이 기대로 변한다. 기대는 비교를 낳는다. 한 명이나 두 명 정도만 출산을 원하기에 아이를 최고로 키우고 싶다. 많은 책을 읽고 다양한 육아 강의를 듣는다. 좋은 부모가 되기 위해 최선을 다한다.

다음과 같이 질문을 바꿔보자. "어떤 부모가 되기를 원하시나요?" 원하는 아이를 이야기할 때는 바로 대답이 나온다. 하지만 어떤 부모가 되기를 원하냐는 질문에는 생각이 많아진다.

친구 같은 부모가 되길 원한다는 대답이 제일 많다. 참으로 힘들고 실천하기 어려운 대답이다. 부모는 친구같이 되길 원한다. 하지만 지배하려는 부모, 권위를 내세우는 부모의 모습을 보일 수밖에 없다. 때로는 권위적인 부모의 모습도 절대적으로 필요한 시기가 있다. 친구 같은 부모가 자칫 아이의 모든 부분을 허용하는 부모로 오해하면 안 된다.

많은 부모가 아래와 같이 자신이 생각하는 좋은 부모가 되고자 노력한다.

- 일관성 있게 원칙을 가지고 지도한다.
- 아이를 칭찬하고 많이 격려한다.
- 원하는 것을 다 해주고 사랑이 많은 아이로 자라게 해준다.
- 아이들의 자립심을 위해 엄격한 지도를 한다.
- 아이와 소통하고 존중한다.
- 아이의 눈높이에 맞춰주어야 한다.

이밖에도 많다. 하지만 여러 이야기를 듣고 실천하려고 노력해도 때로는 많은 좌절을 하기도 한다. 어디까지 참아야 하고 어디까지 인정해야 하는지 막막하다.

어느 날 열정이 넘치고, 무엇이든 호기심이 있으며, 매사에 능동적인 엄마가 다음과 같이 물었다. "좋은 엄마가 되려고 최선을 다하고 있어요. 아이가 많은 것을 경험할 수 있게 문화센터 과목도 여러 개 신청했어요. 스킨십도 많이 해주고 있고요. 그런데 아이는 잠잘 때도 건드리는 것을 싫어해요. 문화센터도 적응하는 데도 오래 걸려요. 싫어하는 것도 많고요. 밖에서 뛰어놀게 하려 해도 나가는 것도 안 좋아해요. 나는 최선을 다하는데 아이는 받아들이지 않아요. 좋은 엄마 되기 왜 그리 힘든가요? 저에게 문제가 있는 건가요?"

좋은 부모의 기준은 무엇일까? 책이나 강연에서 여러 가지 이야기를 듣는다. 하지만 실천에서 막히는 것은 왜일까. 한마디로 좋은 부모의 기준은 일반적일 수 없다. 좋은 부모의 기준은 내 아이의 기질을 아는 부모이다. 양육을 하다 보면 다양한 문제가 많다. 그런데 그 다양한 문제는 기질에 따라 해결 방법이 다를 수 있다.

우리는 그동안 어른의 눈높이에서만 좋은 부모의 기준을 갖고 있다. 블루 유형의 성격을 가지고 있는 부모는 원리 원칙을 중시해서 아이들과 약속을 잘 지킨다. 무엇인가 결정할 때 한참 동안 생각해서 올바른 결정을 하려고 한다. 그러나 활동적이고 호기심이 많아 성격이 급한 오렌지 아이들은 욕구불만이 생긴다. 아이는 부모의 강박적이고 융통성 없는 교육방식이 때론 숨이 막힌다.

반면에 레드 성향의 부모는 열정적이고 행동적이다. 무엇이든 경험시켜 보려고 여러 가지를 제안하고 자극을 준다. 이 자극 때문에 아이는 스트레스를 받는다. 변화를 두려워하는 아이에게 스트레스를 주면서까지 행동하고 실천하는 부모는 과연 좋은 부모일까? 컬러 성격에 따라 교육방식도 다르고 아이들의 활동 방향성도 다르다.

부모가 아이의 성격을 알지 못해 스트레스를 받는다면 아이는 문제 행동을 일으킨다. 부모는 자신의 성격부터 알아야 한다. 부모 자신을 알고 내 아이의 기질을 파악하게 되면 아이가 무엇을 좋아하는지 안다. 또한 어떤 것에 대한 반응을 보이는지, 스트레스는 무엇인지 알 수 있다.

부모는 자신도 모르게 내 성향과 맞지 않은 아이를 보고 스스로를 비난한다. 내가 부족한 부모인가? 우리 아이는 왜 내 뜻대로 커주지 않는 거지? 늘 걱정과 근심 속에서 우울해 하는 경향이 있다.

많은 엄마들을 만났다. 하지만 행복한 엄마를 만난 기억은 거의 없다. 엄마들은 관계라는 주제로 고통을 받는다. 사랑해서 결혼했지만 남편의 교육관조차 맞지 않는다. 아이들은 내 맘대로 커주지 않고 육체적으로도 마냥 힘들다.

결혼과 동시에 새로 생긴 가족들의 관계도 쉽지 않다. 제일 큰 스트레스는 아이를 잘 양육하고 싶은 부담감이다. 그런데 아무리 좋은 부모가 되려고 노력해도 여간 힘든 게 아니다. 소리지르고 짜증을 내는 자신이 마음에 들지 않는다.

부모들은 자신감을 잃고 분노한다. 화가 나지만 그런 모습은 좋지 않다고 하니 참고 또 참는다. 아이를 키우면서 궁극적인 목표는 결국 내 아이가 행복한 아이가 되는 것인데 맨날 울리는 거 같다. 속상하고 미안한 마음에 엄마도 매일 운다. 거울 효과를 아는가? 아이는 자신의 표정을 알지 못한다. 자신을 바라보고 있는 부모의 얼굴을 보고 표정을 배운다. 부모가 자녀를 키우면서 궁극적으로 바라는 소망은 내 아이가 행복하게 사는 것이다.

행복한 아이로 키우고 싶다면 자신부터 행복한 부모가 되어야 한다. 아이를 위해 희생하며 노력하면서 얼굴을 찡그리는 부모보다 실수가 잦고 부족하지만 웃는 부모의 얼굴이 아이의 마음을 밝게 만든다.

부모 자신의 성격을 먼저 알아야 아이를 이해할 수 있다. 나의 성향은 어떤지, 무엇을 좋아하고 어떤 것에 기쁨을 느끼는지 마음을 들여다보자. 자신의 감정에 섬세한 사람은 타인의 감정도 공감할 줄 안다. 그리고 내 아이의 컬러 성격을 있는 그대로 인정함으로 기대의 무게를 덜어내야 한다.

좋은 부모는 남들이 말하는 부모가 아니다. 좋은 부모는 자기 자신을 먼저 안다. 좋은 부모는 내 아이의 성격을 알고 자신의 마음을 비우는 부모다. 그 비움 안에서 아이가 자기의 재능을 마음껏 펼칠 수 있도록 격려한다. 내가 생각하는 좋은 부모가 되지 말자. 아이의 기질에 따른 좋은 부모가 되자. 아이에게 필요한 부모가 되기 위해 부모인 나를 먼저 알아야 한다. 그래야 아이를 이해하는 힘이 생긴다. 좋은 엄마는 나를 알고 아이의 성격을 아는 엄마다.

02

색다른 교육으로
색다른 부모 되기

사랑을 가면으로 쓰고 있는 부모들이 의외로 많다. 아이를 위한다
는 마음으로 최고로 키우고 싶어 한다. 가장 좋은 것을 주고 싶고 행
복하게 해주고 싶은 것이 부모의 마음이다. 부모의 무의식 속에는 아

이에 대한 막연한 기대감과 설렘이 있다. 그래서 내 아이가 커가는 모습이 마냥 기특하다. 그런데 부모의 기대만큼 커주지 않을 때 부모의 시각은 변한다. 그렇게 사랑스럽고 예쁜 아이는 내가 생각한 것만큼 뛰어나지도 특별하지도 않다.

너무나 평범한 모습에 때로는 실망스럽다. 더더욱 공부까지 못하게 되면 점점 기대감이 사라지고 화가 난다. '누구를 닮아서 저 모양인 거야'라는 원망이 절로 나온다. 학교에서 반장 부모는 자연스럽게 학부모 대표가 된다. 아이가 전교 1등이면 부모의 위치도 달라진다.

아이를 통해 자존감을 높이고 싶은 부모는 그렇지 못한 상황에서 상처를 받기 시작한다. 담임선생님 앞에서 주눅이 들고 부모 자신의 자존감도 바닥을 보인다. 컬러 성격으로 부모들의 예를 들어보면 아이에 대한 실망의 표현 방법도 다양하다. 대표적인 삼원색으로 표현하면 다음과 같다.

레드 부모는 욱하고 화를 낸다. 아이의 성적으로 자존심이 상한 부모는 아이에게 공부하라고 소리친다. 그리고 목표를 설정하고 아이를 다그쳐서 원하는 점수에 올라가도록 지원 사격한다. 아이가 힘들어도 끌고 다니며 스스로 힘든 매니저 역할에 몰입한다. 아이랑 티격태격 싸우기 시작한다.

블루 부모는 이성적이고 논리적이다. 아이에게 공부하기 싫으면 학원 갈 필요 없다고 말한다. 그리고 결정하라고 이야기한다. 공부에 관심이 없거나 하고 싶지 않은 것을 위해 돈을 낭비할 필요가 없다고 생각한다. 원하지 않으면 하지 말라고 한다.

그리고 아이의 반응을 기대한다. 스스로 알아서 공부해주기를 원하지만, 아이가 뜻대로 따라오지 않으면 냉담해진다. 거리 두기를 통해서 자신의 화나는 마음을 들키지 않으려 억제하고 애를 쓴다. 하지만 결국 차가운 눈빛은 아이에게 전해진다는 것을 알아야 한다.

옐로우 부모는 어떨까! 걱정이 태산이다. 이 학원, 저 학원 다니며 정보를 수집하고 좋은 선생님을 찾기 위해 애를 쓴다. 조금이라도 성적이 오르지 않으면 선생님을 계속 바꾸고 조급한 마음으로 아이를 불안하게 만든다.

부모들은 아이의 교육을 공부가 전부라고 생각한다. 공부를 잘하면 교육을 잘한 것이고 공부를 못하면 교육도 못한 것이라고 여긴다. 속상한 부모는 겉으로 드러내는 언어로 '공부가 전부는 아니다'라고 말을 한다. 하지만 마음 깊숙한 곳에서는 자신을 합리화하고 속상한 마음을 감추기 위한 방어기제로 사용하는 사람들이 많다. 가면이 아닌 진실한 부모의 사랑은 있는 그대로의 사랑이다. 상대적으로 평가되는 내 아이의 모습이 아니라 타고난 기질을 인정해주고 올바른 자기 개념을 가지게 해주는 것이 진정한 부모의 사랑이다.

레드 아이의 활동성과 열정을 인정해주자. 성격이 급해서 저지르는 실수가 많을 수 있다. 승부욕도 많아서 공격적인 행동이 종종 나타남을 이해해야 한다. 레드 아이를 둔 부모는 늘 한결같이 하소연한다. "차분했으면 좋겠어요. 꼼꼼하게 자기 것을 잘 챙겼으면 좋겠고 먼저 생각하고 움직였으면 좋겠어요"라고 한다.

블루 아이의 부모는 어떨까? "생각이 많고 실수하기 싫어하고 꼼꼼하게 하는 것도 좋지만 사교성도 있었으면 좋겠어요. 그리고 활달하고 리더십도 있으면 좋을 텐데…"라고 바란다. 부모는 욕심이 많다. 모든 부모는 완벽한 아이를 꿈꾼다. 무지개 색깔, 빨주노초파남보의 모든 아름다움을 다 갖기를 소망한다.

레드 성격이면 레드의 보석 같은 재능을 찾아주자. 부모가 원하는 컬러 성향으로 바꾸려고 노력하면 할수록 아이와의 관계는 힘들어진다. 문제아에게는 문제 부모가 있다. 즉 아이의 컬러 성격을 인정하지 않음으로 내 아이는 늘 문제아의 시선에 머문다.

아이가 가지고 있는 고유한 성격에 따른 강점은 왜 자꾸 잊어버리는 걸까? 레드 컬러를 더 레드답게 반짝거리는 빛으로 만들고, 블루 컬러는 더 청명한 블루의 컬러로 만들어주는 것이 좋다. 그런데 부모는 부족하다고 느끼는 반대의 컬러를 채워서 완벽하게 해주려고 노력한다. 레드와 블루가 섞이면 부모가 원하는 모습이 나올까?

부모의 기대로부터 오는 불안이 아이만의 빛깔을 퇴색하게 만든다. 아이를 잘 관찰하면 아이가 유독 많이 쓰는 컬러 감정 에너지가 있다. 특히 분노, 짜증, 공격성, 질투, 억울함 같은 그림자 감정에 머물면 부모들은 힘들어 한다. 그리고 억압한다. '울지 마, 짜증내지 마, 소리 지르지 마.' 내 아이가 어떤 컬러 성향인지 안다면 부정적인 감정도 균형 있게 조절할 수 있는 방법을 배울 수 있다. 아이들은 부정적인 감정을 표현함으로써 처리하는 방법을 배운다는 것을 잊으면 안 된다.

내 아이의 부족한 약점인 그림자 부분에 연연하지 말아야 한다. 빛나는 재능에 더 초점을 맞추어야 한다. 빛이 밝을수록 그림자는 줄어든다. 반면 그림자가 많을수록 빛은 사라진다. 빛나는 장점을 봐줄 수 있는 부모의 사랑은 아이를 당당하게 만들어 줄 것이다. 아이 자신의 빛깔을 누구와도 비교하지 않고 살아갈 수 있도록 도와주어야 한다. 컬러 성격을 감정적으로 이해하면 색마다 다른 교육 방법을 배울 수 있다.

공지영 작가의 책《네가 어떤 삶을 살든 나는 너를 응원할 것이다》의 제목은 나의 교육관으로 자리잡았다. 내 아이가 실망스러울 때마다 되뇌며 마음을 다잡고 격려했다. 부모의 기대대로 커주지 않아도 최악의 순간이라도 끝까지 응원할 수 있는 사람은 부모 뿐이다. 이것은 부모가 할 수 있는 최고의 사랑이다. 아이가 가진 고유한 컬러 성격을 인정해보자. 사랑이라는 가면으로 부모가 키우고 싶은 아이가 아니라 아이가 가진 빛깔의 반짝임을 갈고 닦아주는 엄마 코치가 되어보자.

좋은 성격,
나쁜 성격이 있을까?

미국의 인디언 체로키족의 지혜가 담긴 그림책《마음속 두 마리 늑대 이야기》는 정말 감동적이다. 그림책이 좋은 이유는 짧은 글속에 깊은 지혜를 순식간에 깨닫게 하기 때문이다.

체르키족의 나이많은 추장이 손녀에게 말했다. 우리 마음속에는 두 마리의 늑대가 살고 있으며 그 둘은 항상 싸운다고 말해준다. 컬러 성격의 빛처럼 착한 늑대는 기쁨, 평화, 사랑, 희망 ,배려 같은 착한 마음을 품고 있다. 반면 그림자처럼 분노 질투, 슬픔, 후회, 욕심 거짓 같은 나쁜 늑대 마음도 이야기해준다. 착한 늑대도 나쁜 늑대도 모두 나 자신이라는 것을 알게 한다. 누가 이기냐는 손녀의 질문에 추장은 심장이 쿵 소리가 날만큼 심오한 대답을 해준다. "네가 먹이를 주는 놈이 이기지." 그렇다.

내 마음의 선택은 나에게 있고 어떤 늑대를 키우는지도 내가 결정하는 것이다. 그렇다면 우리는 마음속에 빛과 같은 긍정 마인드를 선택할 수 있는 권한이 있다. 부정적인 마인드를 선택해서 마음을 힘들게 하는 것도 결국 내 결정인 것이다.

자신의 성격에 만족하는 사람이 있을까? 많은 부모는 대부분 자기 성격의 부족한 점을 이야기한다. 그렇게라도 자신의 성격을 알고 표현할 수 있다면 대단한 일이다. 일반적으로 사람들은 자신의 마음을 잘 모른다. 아니 어쩌면 잘 표현하지 못한다는 것이 맞다. 알 것 같으면서도 모르는 나의 성격, 내 속에 내가 너무 많아서일까? 어떤 게 진짜 내 모습인지 자신도 알지 못해 괴롭다.

내 안의 낯선 나. 내 안에 있는 무수히 많은 나의 모습을 발견한다. 그 모습은 마치 빛과 그림자처럼 극과 극의 모습이지만 서로 존재 이유가 되기도 한다. 빛의 긍정적인 나의 모습은 받아들이기 쉽다. 그러나 그림자의 부정적인 모습을 받아들이는 것은 용기가 필요하다.

빛이 환해질수록 그림자에 내재한 힘도 더욱 커진다. 인정받고 싶고 칭찬받고 싶고 빛이 되고 싶은 마음이 강하면 그에 따른 불안한 그림자가 커진다. 사랑받고 싶은 마음이 강할수록 사랑받지 못하면 어쩌지 하는 두려움이 큰 것처럼 말이다.

심리학자 융은 자신의 그림자를 있는 그대로 보고 내면의 중심에서 균형을 이루기 위해 노력하라고 말한다. 빛과 그림자, 내 안에 선함과 악함이 늘 공존하고 이성과 감정이 충돌할 때의 두 마음이다. 순간순간 빛과 그림자 안에서 마음의 선택을 해야 한다. 그러나 그림자 마음이 다 나쁜 것은 아니다.

별이 반짝이기 위해서는 어둠이 있어야 한다. 그래야 반짝이는 별을 보고 우리는 별의 실체를 알 수 있다. 불안이 있는 아이들은 부모의 말을 잘 듣는다. 시험의 불안이 있는 아이는 공부를 열심히 한다. 겁이 많은 아이는 조심스럽기에 위험한 행동을 하지 않는다. 질투가 있기에 더 잘하려고 노력한다. 슬픔이 있기에 기쁨의 환희를 느낄 수 있다. 분노가 있기에 평안이 주는 쉼의 가치를 안다.

개인 심리학의 창시자 알프레드 아들러(Alfred Adler)는 부정적인 감정을 바꾸려면 자신이 느낀 감정을 있는 그대로 인정하라고 한다. 내 안의 그림자를 그대로 인정할 힘이 있다면 더 깊은 우울의 블랙홀 속에 빠지는 것을 방지할 수 있다.

모든 컬러가 가진 빛과 그림자를 이해함으로써 긍정적이고 부정적 인 감정을 받아들일 수 있다. 우리는 좀 더 자신이 원하는 관계를 만들 수 있다. 또한 내가 원하는 나 자신과의 관계에서도 더는 상처받는 것 을 허락하지 않는다.

같은 컬러 성격들이 만나면 통한다는 느낌이 든다. 나와 다른 컬 러에 대해서도 묘한 매력을 느낀다. 그래서 연애를 할 때는 나와 다른 컬러 성격에 대부분 끌린다. 그런데 오래 사귀거나 결혼을 하면 끌렸 던 컬러 성격 때문에 화가 난다. 그것은 컬러가 빛이 바라거나 퇴색되 어 다른 컬러로 바뀐 것이 아니다. 그 컬러를 바라보는 내 마음이 상황 에 따라 바뀐 것이다. 즉 컬러의 좋은 면만 눈에 보이다가 어느새 콩깍 지가 사라지면 안 보이던 면이 보인다. 어쩌면 내 마음이 부정적인 것을 보기로 선택했는지도 모른다.

아이를 바라보는 마음도 마찬가지다. '건강하게만 자라다오'의 마 음으로 보는 아이의 레드 컬러 움직임은 마냥 사랑스럽다. 그런데 시 험이 낼모레인데 매일 나가 놀고 운동하는 아이가 어느 순간 못마땅하 다. 블루 아이처럼 숙제 잘하고 공부도 잘하면 얼마나 좋을까 생각한 다. 비교하는 마음이 꿈틀대면서 움직임이 많은 레드가 상황으로 인해 나쁜 성격으로 생각된다.

사람 관계는 다 비슷하다. 내가 좋아하는 성격의 사람들과는 자주 연락하고 관계를 유지한다. 하지만 어쩔 수 없이 마음이 맞지 않는 사람은 기억 너머로 사라지고 만다. 두 아이를 둔 부모는 나와 맞는 성격의 아이가 더 사랑스럽다. 따라서 맞지 않는 아이와는 왠지 모를 거리감이 생긴다.

이렇듯 컬러 성격은 자신의 마음에 따라 다르게 느껴질 수 있다. 좋은 성격 나쁜 성격을 변별하기보다 지금 내 감정이 어디로 흐르고 있는지 귀를 기울이길 바란다. 다양한 컬러 성격을 인정하면 그에 맞는 양육 방법도 나온다. 그리고 아름다운 컬러의 빛을 바라보며 긍정 마음에 먹이를 주다 보면 칭찬하고 싶은 자신의 좋은 성격을 더 많이 만들어낼 수 있을 것이다.

04

내 아이를
성공적으로 키우는 방법

유유하게 헤엄을 치던 엄마 물고기의 눈에 파란 하늘을 나는 갈매기가 보였다. 엄마 물고기의 가슴은 쿵쾅거렸고 하늘을 날고 싶다는 커다란 꿈을 꾸기 시작한다. 그러나 나이가 많다는 핑계로 자신을 합리화시켰다. 대신 사랑하는 아기 물고기를 가르치기로 결심했다.

엄마 물고기는 날아오르는 아기 물고기의 멋진 모습을 상상하며 행복했다. 아기 물고기는 날아다닌다는 것이 무섭고 싫었다. 하지만 엄마에게 인정받고 싶고 사랑받고 싶어서 참아야만 했다. 엄마 물고기는 수소문 끝에 날치 선생님을 모셔와 아기 물고기를 조금이라도 날 수 있도록 지도해달라고 부탁했다.

아기 물고기는 엄마가 원하기 때문에 열심히 배웠다. 그러나 점점 열등감과 좌절감에 빠져서 더는 배울 수 없다고 포기해버렸다. 아기 물고기는 헤엄치는 모습조차 이상해지기 시작했다. 결국 소원을 이루지 못한 엄마 물고기와 아기 물고기는 모든 에너지를 빼앗긴 채 웃음을 잃어버렸다.

이 이야기는 현대인의 부모 자식 관계에서 많이 볼 수 있는 흔한 이야기다. 자신을 알지 못하고 아이의 기질을 알지 못해서 좌절하고 힘든 부모들을 많이 만났다. 아이의 감정은 무시한 채 엄마의 교육관대로 지시하고 끌고 간다. 어릴 때는 부모의 권위에 따라가지만, 힘이 생기는 사춘기가 되면 내면의 참았던 분노가 올라온다. 그래서 사춘기부터 관계가 힘들어지며 서로에게 상처를 주기 시작한다. 관계가 틀어지면 제대로 된 교육을 할 수가 없다. 교육의 흐름은 시대에 따라 변한다.

1990년대는 지능 발달 정도를 나타내는 IQ(Intelligence Quotient) 검

사 수치를 중시했다. 그때는 한글과 숫자 등을 잘 가르치는 선생님이 인기가 많았다. 지금 시대는 정서적인 지성인 감정 지수 수치인 EQ(Emotional Quotient)를 중요하게 여긴다. 그래서 음악 미술 등 창의적이고 감성적인 재능을 키워주는 선생님을 선호한다. 그럼 앞으로의 시대는 어떤 선생님이 인기가 있는 것일까? 우리의 아이를 위해 어떤 교육을 해야 하는 것일까?

코로나19로 4차 산업혁명 시대가 훨씬 더 빠르게 앞당겨졌다. 우리가 미처 준비하지 못한 비대면 수업을 준비하느라 바쁘다. 곧 익숙지 않은 사물인터넷 그리고 AI와 빅데이터, 로봇 등 가상현실과 증강현실을 원하지 않아도 자꾸 마주하게 된다.

우리는 상상하지 못할 시대에 살게 될 것이다. 우리 아이들에게 무엇을 어떻게 가르쳐야 하는지 생각해봐야 한다. 그냥 지금처럼 다른 아이들보다 영어단어 하나를 더 배우게 하는 것이 중요할까? 아니면 힘들어하는 예체능을 잘하라고 격려만 해야 할까? 때론 혼내고 강요하는 인내심을 배우게 해야 하는가? 의사, 변호사 등 일명 '사'자 들어가는 특별한 직업을 위해 내 아이에게 꿈이라는 예쁜 단어로 고생을 강요할 것인가? 잘 모르겠다. 분명한 것은 세상의 변화가 너무 급속도로 이루어져 가고 있다는 것이다. 시대마다 인재상이 달라진다. 그렇다면 과연 미래의 인재상은 무엇일까.

내 아이를 어떻게 성공시킬까?

로봇과 AI가 결합된 소셜 로봇의 이야기를 담은 영국드라마 〈휴먼스〉의 이야기가 문득 생각난다. 인간과 거의 흡사한 휴머노이드 로봇이 가정의 필수품이 된 세상에서 벌어지는 에피소드를 다룬 SF 드라마다.

어린아이들 셋에 바쁜 변호사 아내를 둔 아빠 호킨스는 집이 엉망이 되어감을 견디기가 힘들었다. 결국엔 인공지능 도우미 로봇 아니타를 대여함으로써 벌어지는 일들이다. 아니타가 집에 온 후 평화가 찾아왔다. 빨래가 밀리는 일이 없고 깔끔한 청소에 음식 또한 맛이 있다. 아이들의 숙제와 돌봄도 척척 하는 아니타를 가족들은 모두 좋아했다. 그러나 딱 한 사람, 그의 아내 로라는 아니타가 불만족스럽다.

오랜만에 일찍 집에 온 엄마는 아이들을 위해 책을 읽어주려고 했지만, 아이들은 아니타를 원한다. 질투심과 불안함을 느끼는 아내 로라는 당혹스러움에 화를 낸다. 아니타는 자기를 싫어하는 로라에게 다음과 같이 말한다.

"나는 당신보다 아이를 더 잘 돌볼 수 있어요. 당신처럼 깜빡거리며 잊어버리지 않고 화내지도 않아요. 우울하다고 소리를 지르거나 술을 마시지도 않아요."

"하지만 나는 그들을 사랑할 수 없어요."

그렇다. 앞으로 이 세상은 상상을 넘어선 변화가 일어날 것이다. 그러나 로봇과 인간의 다른 점, 그것은 시시각각 변하는 감정을 다루는 마음의 영역이다. 진정한 공감과 소통은 인간만이 느낄 수 있는 고유한 영역임에 틀림없다.

기술 문명의 발달로 우리 아이들은 점점 사회적인 미디어 자폐아가 되어간다. 휴대전화만 있으면 혼자 있어도 아무렇지 않은 아이들, 관계할 줄 모르고 나만 아는 아이들이 우리의 미래가 되는 것일까?

가상 인간이 만들어지고 광고에 등장한다. 가상 인간과 대화를 하는 앱도 생긴다. 영혼 없는 로봇의 위로와 언어의 소통이 잠깐은 위안이 될 수 있다. 그러나 우리의 마음을 행복으로 채워줄 수 있는 것은 진정한 감정의 소통이다. 그것이 바로 IQ 지능시대와 EQ 감성시대를 넘어서는 SQ(Social Quotient) 사회성 또는 영성지수(Spiritual Quotient)로 보이지 않는 가치를 창조적으로 발견하는 재능을 말한다.

미국의 심리학자인 대니얼 골만(Daniel Goleman)은 성공하는 인간의 지능이 SQ시대로 진화한다는 것을 강조한다. 즉 사회지능지수인 SQ가 높은 사람이 성공한다는 것이다. '사회지능'은 상대방의 감정과 의도를 읽고 타인과 잘 어울리는 능력을 말한다. 즉 자신의 감정을 살필 수 있는 자기 성찰 지수와 융합할 수 있고 공감할 수 있는 사회관계 지능이 필요하다.

이런 SQ의 지능이 뛰어난 인재상을 위해 우리는 부모로서 어떤 교육관을 가져야 할까? 여러 가지가 있겠지만 제일 먼저 남과 다른 나의 마음을 아는 것이다. 나를 알면 타인의 색다름을 알고 이해할 수 있다. 도덕적인 아이로 키우는 형식적인 인성교육이 아니다. 나의 감정을 읽고 감정을 조절할 수 있음을 배워야 한다. 또한 나와 다른 감정을 느끼고 있는 친구들을 이해하고 받아들이는 교육이 필요하다.

부모들도 좋은 부모가 되기 위해 나를 먼저 알아야 한다. 자신의 감정을 안다면 아이의 마음도 이해할 수 있기 때문이다. 그렇다면 무모한 물고기 엄마의 좌절과 아기 물고기의 열등감의 불행을 답습하지 않을 것이다. 컬러 감정으로 나를 알고 타인을 이해하며 융합할 수 있는 인재상으로 내 아이의 성공적인 인생을 기대해보면 어떨까?

05

컬러 안에
감정이 있다고요?

컬러 안에는 감정이 있고 에너지가 있다. 과학적으로도 색은 뇌 속의 시상하부를 거쳐 변연계의 있는 감정의 변화를 일으킨다. 사람이 가지고 있는 오감 중 가장 중요한 감각을 꼽으라고 하면 시각을 말할수 있을 것이다. 사람은 시각을 통해서 정보의 80%를 얻는다고 한다.

시각의 출발점은 가시광선이고, 그 빛에 의해서 우리는 컬러를 볼 수 있다. 사람은 눈을 감고 있어도 마음으로 색을 볼 수 있다고 한다. 왜냐하면 시각을 통해 느낀 컬러가 뇌에 영상으로 저장되고 기억되기 때문이다. 아이들은 다채로운 컬러를 이용한 그림을 통해서 자신의 마음을 전달한다.

아이들의 컬러 감정을 이야기하기 위해 '컬러 톡 데이(Color Talk Day)'를 유아교육 기관 프로그램으로 접목해보았다. '레드 에너지 데이' 때는 아이들이 유난히 활동적이고 움직임이 많았다. 열정적인 레드 에너지를 마음껏 주는 이 날, 아이들에게 레드의 감정을 물어보았다.

기분이 좋은 이야기도 있었지만 화가 나는 감정 이야기들도 있었다. 아이들의 이야기는 교사들을 웃게 만들었다. 레드의 그림자 감정 중 화가 나는 이유를 물어보았다. 엄마에게 혼나서, 친구가 놀잇감을 빼앗아가서 등 여러 가지 이유를 신나게 이야기한다. 자신이 화가 났던 감정을 이야기하며 자신의 감정과 마주보게 한다. 질문을 통해서 자신의 감정과 마주하다 보면 왜 엄마가 화가 났는지, 친구의 마음은 무엇이었는지를 스스로 이해한다. 화를 낸 후의 감정에 대해서도 생각해보는 시간이다.

무지갯빛으로 아이들의 감정을 마주하고 정리하다 보면 자기표현을 배운다. 컬러 마다 좋은 느낌과 나쁜 느낌이 있다는 것을 그리고 때때로 마음은 변화한다는 것을 안다. 두 가지의 마음이 동시에 일어날 수 있음을 보여주는 〈나랑 나〉라는 동화처럼 말이다.

어린 나이일수록 자신의 감정을 언어로 표현하지 못한다. 그래서 울음이나 짜증 등 공격적인 행동으로 의사 표현을 할 수 있다. 그림도 마찬가지다. 아이들은 언어로 표현하는 한계가 있어서 그림이나 만들기 등을 통해 자신의 마음을 색으로 표현하기가 더 쉽다. 조금만 컬러 심리를 알아도 엄마들은 아이의 마음을 읽을 수 있다.

다양한 컬러는 뇌를 자극하기 때문에 뇌 발달에 도움이 된다. 또한 아이를 감성적으로 키울 수 있다. 일상생활에서 옷이나 침대, 소품, 벽지 등의 작은 변화를 통해 아이에게 도움을 줄 수 있다. 예를 들어 빨강, 주황, 노랑 등의 밝은색은 소심하고 내향적인 아이들에게 도움이 된다. 호기심이 너무 많고 활동적인 아이는 파란색이나 초록 계통의 소품이 도움이 될 수 있다.

컬러 테라피 행사를 할 때도 밝은색 컬러 데이 때는 아이들이 너무 산만해진다. 그래서 교사들이 행사를 진행하는데 진땀이 난다. 통제가 잘 안 되기 때문이다. 보이지 않는 컬러의 에너지를 아이들의 행동과 감정으로부터 느낀다.

엄마들은 컬러 심리를 배움으로써 아이의 양육에 도움을 받을 수 있다. 비가 오거나 흐린 날은 밝은 옷을 입혀야 한다. 그리고 우산의 색도 밝은 색깔을 사용함으로 교통사고를 예방하는 효과도 있다는 것을 알아야 한다.

아이가 운동 대회를 나간다면 빨간색으로 옷을 입히는 것이 좋다. 심장을 뛰게 하고 열정적으로 움직일 수 있는 에너지를 주기 때문이다. 시험 기간에는 파란색 계열 또는 그린 벽지나 침구를 이용해서 차분하게 공부할 수 있는 분위기를 주는 것이 좋다.

아이가 너무 식탐이 많아서 살을 빼게 하고 싶다면 파란색 식기를 이용해서 음식을 준다. 반대로 아이가 너무 먹지 않아서 걱정이라면 오렌지색을 이용한다. 오렌지 식기나 조명 테이블보를 이용하면 식욕에 도움이 되기 때문이다. 물론 엄마들의 다이어트에도 적용하기에 좋은 방법이다. 엄마가 컬러 기질을 알아야 하는 중요한 이유가 또 있다. 그것은 엄마들이 힘들어하는 아이들의 과제를 해결하는 방식이나 정보 처리를 하는 방식을 이해할 수 있기 때문이다.

수학 문제를 푸는 아이들의 방식을 재미있게 풀어보았다. 아이의 컬러 성향을 읽을 수 있을 것이다.

레드 아이 : 네가 이기나 내가 이기나 한번 풀어보자.

인디고, 블루 아이 : 투덜대며 꼼꼼하게 수학 문제를 풀어낸다.

오렌지 아이 : 문제를 대충대충 봐서 잘못 파악한다.

옐로우 아이 : 교사가 풀어준 방식대로 대입해보려고 끙끙댄다.

퍼플 아이 : 살아가는 데 수학이 왜 필요한지 투덜거리며 풀고 싶을 때 푼다.

마젠타 아이 : 나는 다 풀 수 있어! 근거 없는 자신감에 뒤통수 맞는다.

블루그린 아이 : 시간은 내 편. 천천히 푸느라 시험시간 못 맞춘다.

핑크, 그린 아이 : 잘못 풀면 선생님께 혼날 생각을 하니 끔찍해. 끝까지 풀어본다.

터콰이즈 아이 : 선생님 방식은 어려워. 내 방식대로 희한하게 풀어낸다.

골드 아이 : 무조건 최고가 될 거야. 많이 풀어본다.

컬러 성격마다 공부법이 다르다. 모든 공부법이 아이마다 다르다. 그래서 자기의 성격대로 공부법을 찾을 때 효과는 배가 된다. 또한 컬러 심리를 이해하고 엄마인 자신과 다른 기질을 알면 아이와의 관계가 좋아지고 그 감정이 학습할 수 있는 에너지를 부여한다.

2+2=4. 이해와 이해가 더해지면 사랑을 낳는다. 이해할 수 없는 우리 아이들의 세계를 이해하고 이해하다 보면 사랑으로 보듬을 수 있다.

4+4=8. 사랑에 사랑을 더하면 팔자를 고친다고 한다. 아이를 이해하고 이해하면 다른 세상이 보인다. 그리고 사랑하고 또 사랑해서 엄마들의 팔자에 웃음이 넘치면 좋겠다. 많은 부모들이 말한다. 자식은 마음대로 안 된다고 말이다. 머리로는 아는데 마음이 내려놓지 못함을 힘들어한다. 내 맘대로 하려다가 제풀에 지쳐서 결국은 관계가 깨지는 것을 많이 보았다. 깨진 관계는 우리의 삶을 불행하다고 느끼게 하는 가장 큰 원인이다.

내 아이와 관계가 좋지 않은데 공부를 잘하면 무슨 소용이 있을까. 잔소리와 원망과 불평으로 가득 찬 관계는 행복하지 않다. 아이가 배 속에 있을 때 '제발 건강하게만 태어나다오'의 바램을 기억해보자. 아무 욕심 없이 만나기만을 소망했던 우리 아이들이다. 아이는 변하지 않았다. 다만 성장하고 있다.

어쩌면 날마다 커지는 엄마들의 바람과 기대가 달라지는 것은 아닐까! 성장통처럼 겪어나가는 아이들의 그림자를 존중해주자. 아이는 길을 묻는 손님이라고 한다. 끌고 가려고 하지 말고 인생길을 먼저 떠난 선배로 멘토인 부모가 되도록 하자. 인생길을 안내하다 보면 속이 터지기도 할 것이다. 성장통의 속 터짐을 기다려주면 분명 컬러 성격의 빛나는 재능을 찾을 수 있을 것이다.

부모의 성향을 강조해서 아이만의 고유한 빛깔이 퇴색되지 않도록 하자. 스스로 빛날 수 있는 시간을 기다려주는 것은 어떨까? 10세까지는 그린과 핑크의 에너지처럼 섬세하고 자상한 양육에너지가 필요하다. 그러나 10세 이후에는 엄마의 개입이 점점 줄어들어야 한다.

대학생이 되면 온전히 스스로 할 수 있는 터콰이즈의 에너지가 매우 필요하다. 그런데 엄마들은 크면 클수록 그만큼의 양육을 더 하려고 한다. 우리나라의 헬리콥터 부모들의 전형적인 모습이다. 다양한 컬러 성격을 경험할 기회를 주도록 하자. 스스로 삶에서 부모 자신도 어떠한 컬러 에너지로 살아갈 것인지 자신의 빛나는 인생을 색칠해보기 바란다.

06

이 세상에
컬러가 없다면!

터키의 시각장애인 화가 에스레프 아메간(Esref Armagan)에 대해 알고
있는가? 시각장애인이 화가라니! 색을 볼 수 없는데 어떻게 화가가 되
었을까? 아메간은 시각장애인으로 태어나서 제대로 된 교육을 받지 못
했다. 그런데도 그의 독특한 기법으로 완성된 그림들은 유럽 전역 갤러

리에 전시되고 있다. 선천적으로 빛을 한 번도 보지 못한 시각장애인이 어떻게 그림을 그릴 수 있을까?

열 손가락에 눈이 달리듯 정확하게 물감을 찍어 그림을 그린다. 그 신비한 능력은 색으로부터 오는 파장의 진동을 느낀다고 한다. 우리의 오감 중 어느 것 하나가 부족하면 다른 감각으로 에너지가 몰려서 더 예리한 감각을 갖게 된다. 아마 눈이 보이지 않기 때문에 촉각에 느껴지는 미세한 파장을 충분히 느낄 수 있었으리라.

또 다른 화가 닐 하비슨(Neil Harbisson)은 귀로 색을 듣는다고 한다. 하비슨은 선천성 색맹으로 흑백으로만 세상을 보다가 뇌의 두개골에 구멍을 뚫고 그 안테나로 인해 색깔을 경험할 수 있게 된 지구상의 유일한 사람이다. 그래서 최초의 사이보그 인간이라고 불린다.

각 색상의 주파수는 머리 부분에서 뚜렷한 진동을 생성시키는데 그는 적외선부터 자외선까지 빛의 주파수를 감지할 수 있다. 이것은 인간의 일반적인 능력을 훨씬 뛰어넘는 것이다. 미세한 진동과 변화된 음으로 컬러의 주파수를 구분하는 힘, 즉 컬러의 에너지를 느낀다는 것이다.

우리나라 춘천에 사는 시각장애인 박환 화가도 TV프로그램 〈순간 포착 세상의 이런 일이〉에 나와 화제가 된 적이 있다. 손의 감각으로만 훌륭한 그림을 그리는 그는 색으로부터 온도 차이를 느낀다고 한다. 러시아에서는 눈을 감고 손으로만 색을 알아맞히는 게임도 있다. 우리 눈에 보이고 느껴지지 않지만, 이 컬러의 에너지들을 직접적으로 느끼는 사람들이 분명히 있다.

현대인들은 컬러를 민감하게 느끼며 살아가기에는 너무 바쁘다. 하지만 가끔 여행을 가면 우리도 컬러가 주는 에너지를 느낄 수 있다. 파란 하늘과 바다가 펼쳐진 자연을 보며 탁 트인 감성에 큰 심호흡을 내쉰다. 그러면 편안하고 깊은 안정감을 느낄 수 있다. 울창하고 깊은 숲속에 초록빛을 마주한 느낌은 어떤가? 세상의 모든 근심을 뒤로 하고 넓은 마음으로 수용할 수 있는 넉넉함의 감정을 느낄 수 있다.

대도시의 현란하고 화려한 야경을 마주할 때의 감정은 또 어떠한가? 심장이 요동치고 호흡이 가빠지며 흥분하는 감정과 마주칠 것이다. 무심코 관심 없이 느껴지던 컬러는 생각보다 우리의 감정에 많은 영향을 미친다는 것을 알 수 있다.

문득 이 세상에 컬러가 없으면 어떻게 될까? 식탁에 잘 차려진 음식의 색이 없고, 과일의 색이 없는 밥상을 상상할 수 있는가? 옷장에 있는 옷들이 다 무채색이라면, 유치원 교실에 아무 색도 없는 종이와 크레용만 있다면? 생각만 해도 우울해진다.

6년 동안 색맹으로 색을 보지 못한 소년이 있다. 엄마는 색맹 보정 안경을 선물로 사주게 되었다. 그 아이는 안경을 쓰고 "오! 마이 갓! 세상이 이런 색이에요?"라고 외쳤다. 아이는 세상의 색을 보며 감동하고 엄마에게 감사한다.

60년 동안 색맹으로 색을 보지 못한 할아버지도 있다. 가족들에게 생일선물로 색맹 보정 안경을 받아서 쓰고 세상을 바라본 그는 감동으로 하염없이 흐느낀다. 누군가는 보지 못했던 세상의 아름다운 컬러를 우리는 보고 있다. 그런데 우리는 한 번도 감사함을 느낀 적이 없을 것이다. 사진으로도 그 아름다움을 나타낼 수 없는 이 세상의 컬러를 공짜로 마음껏 보고 있는데 말이다.

건강하게 살려면 하루에 20~30분 정도 햇빛을 받아야 한다. 빛은 생명이고 생명은 우리의 삶이다. 우리의 건강한 삶은 인생의 최대목표인 행복에 이르는 길을 제시한다.

우리는 빛의 컬러로부터 감정 에너지를 받을 수 있다. 그 빛의 파장으로부터 오는 느낌을 섬세하게 받아들여 보자, 그 에너지를 이용한다면 우리의 삶은 더 풍성해지고 여유로워질 것이다. 내가 끌리고 선호하는 색으로 인해서 나의 감정과 생각들이 어디로 흘러가는지 알 수 있다. 우리가 세심하게 받아들인다면 감정을 통한 우리의 생각이 행동에 큰 영향을 미친다.

그것이 바로 거창하지 않은 컬러 테라피다. 컬러 테라피는 순간순간 필요한 색에 민감하게 반응하는 것이다. 오늘 좋아하는 컬러의 옷을 입고 외출을 해보자. 어떤 감정이 기다리고 있는지 마음을 살펴보자. 긍정적이고 밝은 빛의 감정을 만난다면 하루를 즐겁게 맞이할 수 있다. 내 발걸음이 오늘따라 가볍다는 것을 느낄 수 있을 것이다.

07

엄마의 경험이
색안경을 만든다

"와, 세상이 다 빨간색으로 보여", "나는 노란색으로 보이는데?" 여러 가지 색깔의 셀로판지 안경을 끼고 웃고 떠드는 아이들이 다투기 시작했다.

"이건 보라색으로 보이는데", "아니야, 초록색이잖아!" 빨강 안경과 노랑 안경을 쓴 친구가 파란색의 장난감을 보고 서로 하는 말이다. 문득 엄마들은 세상을 어떤 색으로 보고 있을까? 궁금해진다. 본질을 못보고 아이들처럼 내가 낀 안경의 색으로만 판단한 적은 없을까?

- 남편은 성실함, 책임감, 신중함이 있어야 한다.
- 아이들은 환하고 밝고 똑똑하게 빛나야 한다.
- 엄마는 자상함과 모성애가 넘치고 희생적이어야 한다.
- 남편은 집에 와서 가정을 따뜻하게 돌봐야 한다.
- 아이들은 공부를 무조건 잘해야 한다.

이와 같은 비합리적인 신념을 알아차리지 못한 채 내 경험의 안경으로 모든 것을 판단하고 평가하고 있지는 않은가?

블루 사람을 볼 때는 블루의 안경을 쓰고 있는 그대로 보아야 한다. 그래야 그 사람의 장점이 보인다. 레드 안경만 고집하다 보니 블루의 장점이 답답하고 느리고 융통성 없고 게으르게만 보인다. 레드 안경으로 세상을 보는 엄마가 블루의 남편 혹은 아이의 말이 귀에 들어올 리 없다. 변명과 합리화라고 비난의 화살을 날린다. 엄마의 비합리적인 신념이 만든 컬러 감정들은 스스로를 불안하고 화가 나게 한다.

원만한 관계를 위해서는 자신이 만든 컬러 안경을 벗어야 한다. 부모는 이러해야 한다, 아이는 이러해야 한다 등의 비합리적인 신념으로 장착된 안경을 과감히 벗자. 이 안경은 대부분 자신의 어린 시절 환경으로부터 온다. 정답이 아니다. 고정된 안경으로 자기만의 세상을 만드는 부모가 많다. 있는 그대로의 색의 감정을 마주해보자. 감정의 휘둘림으로부터 내가 어디로 가는지 나의 마음이 어디에 머물고 있는지 알 수 있다.

아이를 키우다 보면 많은 문제점이 생긴다. 그때마다 엄마들은 자신만의 안경으로 아이의 문제를 파악한다. 그래서 아이와의 관계가 좋지 않아 괴로워하는 엄마들이 많다.

부모는 아이를 보며 자신의 어린 시절을 투사한다. 긍정적인 경험으로 어린 시절을 보낸 엄마는 자신이 배우고 느낀 대로 아이에게 정서를 전달한다. 하지만 부정적인 상처를 경험한 부모들은 아이에게서 울고 있는 자신의 내면 아이를 발견한다.

한 엄마의 고민이다. 큰아이와는 문제가 없다고 한다. 자신의 컬러 기질과 비슷해서 그런지 엄마와 닮은 구석이 많다고 한다. 좋아하는 먹거리도 비슷하고 옷을 입는 취향도 같다. 그래서 큰아이랑 있는 시간은 행복하다.

문제는 둘째다. 둘째 아이는 이혼한 남편과 너무 닮았다. 편식도 심하고 말도 없다. 여자는 아버지와 닮은 사람과 결혼한다고 하던가? 아버지를 미워한 이 엄마는 남편과 결혼하고 깜짝 놀랐다. 아버지의 나약함과 무기력 그리고 그것을 감추고자 드러내는 권위 의식이 너무나 닮아 있었다.

아버지는 화가 나면 직언으로 상처를 주고 폭력을 보이며 가정을 등한시했다. 남편도 마찬가지였다. 아이의 눈빛이 아빠를 닮았다. 아이는 혼자 있는 것 좋아하고 스킨십을 별로 좋아하지 않는다. 말수도 없고 조용한 성격이며 책 읽는 것을 좋아하는 모범생 아이다.

그런데 엄마는 둘째가 쳐다보는 눈빛이 너무 싫다고 한다. 그래서 둘째가 엄마를 쳐다보거나 요구를 하면 자신도 모르게 냉랭해진다고 한다. 그러니 아이의 컬러 기질을 있는 그대로 보지 못한다. 엄마는 자신의 상처가 자꾸 둘째에게 투영된다. 감정은 이렇게 감정 너머 어린 시절에 쌓은 무의식 때문에 나오기도 한다.

우리는 모두 다 그럴 수 있다. 자신이 가진 경험 안에서 세상을 보기 마련이다. 내 아이에게 엄마의 경험으로부터 고정된 색안경은 위험하다. 우선 아이를 볼 때는 엄마의 안경을 벗어버려야 한다. 아이의 컬러 안경으로 같은 방향을 바라보는 노력이 필요하다.

08

아이와 좋은 관계를 위한
컬러 대화법

컬러 마음들은 각자 자기의 소리로 말을 한다. 갈등이 생길 수 있
는 그림자 측면에서 이들의 대화 형태는 서로 다르다.

레드 에너지를 많이 쓰는 사람들은 '빨리빨리'를 외치거나 화를 내는 경우가 많다. 그들은 자신의 촉이 강한 만큼 소통을 할 때도 이해가 빠르고 주로 해결중심의 화법을 많이 사용한다. 이들은 감정을 공감하는 것을 어려워한다.

아이가 힘든 마음을 토로하면 "엄마가 어떻게 해줄까?"라는 해결책을 먼저 묻는다. 아이가 해결책을 원한다면 부모와의 소통이 시원할 수 있다. 그러나 마음의 공감을 얻고자 한다면 더는 대화를 나누고 싶지 않다. 레드 부모는 명령조의 강한 어조로 말할 때가 많고 리더십이 있어서 지시어도 많이 사용한다. 명령조의 언어를 조심하자.

옐로우 에너지를 많이 쓰는 사람은 자신의 말에 공감을 원한다. 자신이 걱정 근심 불안한 마음을 많이 겪기 때문에 상대방의 이야기도 공감하면서 듣는다. 지적인 언어로 상대방의 마음을 비유하길 좋아하고 그들에게 선생님처럼 설교하기를 좋아한다.

그럼으로써 더 나은 방향으로 바라볼 수 있도록 돕는다. 밝은 에너지를 주기 위한 옐로우의 소통법은 희망과 위로가 되기도 하지만, 잘잘못을 정확하게 지적하는 날카로운 언어이기도 하다. 문제의 위치와 해결의 방향을 명확하게 제시하고 대화를 깔끔하게 끝맺는다. 아이의 감정을 공감하는 언어가 필요하다.

오렌지 에너지를 많이 쓰는 사람의 소통은 즐겁다. 연예인, 사건·사고 이슈 등 재미있는 정보와 이야기를 제공한다. 심각한 이야기를 싫어하는 오렌지는 어려운 상황도 가볍게 보며 긍정적으로 사고하려는 경향이 있다. 아이처럼 자기 표현력을 통해 사람들의 미소를 끌어낸다. 그들의 순수한 언어는 호감을 얻는다.

오렌지 사람들이 그림자에 있을 때는 아이처럼 징징대기도 하고 조르는 경향이 있다. 이들과 소통할 때는 이상하게 아이를 다루는 듯한 말투로 이야기하게 될 때가 있다. 칭찬을 좋아하는 오렌지는 자신의 영웅담을 이야기할 때 신난다. 아이들이 잔소리를 듣기 싫어하는 것처럼 오렌지 마음은 설교 같은 조언을 듣는 것이 너무 싫다. 칭찬과 격려로 다독이는 언어가 필요하다.

블루 에너지를 많이 쓰는 사람은 먼저 다가가 소통하지 않는다. 그들은 듣기를 잘하고 상대방을 변화시키려거나 바꾸려고 하지 않는다. 있는 그대로의 말을 잘 들어줄 줄 안다. 부모들은 누구나 어쩌면 블루 사람들의 듣는 방법을 배워야 할지 모른다. 자기 생각대로 말을 왜곡시키지도 않고 상대방의 말을 듣고 그대로 받아들이기 때문이다. 그들과 소통할 때 많은 이들은 고해성사하듯 말할 수 있을 것이다. 블루는 자존심이 강하기 때문에 언쟁이나 다툼에서는 소리를 높이기보다는 입을 다무는 경향이 있다. 자존심 상하는 언어를 조심해야 한다.

블루가 화나면 짧고 차갑게 말을 할 수 있다. 입 다문 그들에게는 질문을 던지면 좋다. 질문을 던지기 시작하면 그 지점부터는 대화가 가능하다.

그린 사람들의 언어는 편안하다. 초면에도 그들의 차분하고 배려하는 말투는 상대에게 편안함을 준다. 조곤조곤 이야기하다 보면 어느

새 내 안의 깊숙한 이야기를 전달하고 있음을 느낀다.

상담가로도 훌륭한 그들은 가끔 따뜻한 실수를 한다. 너무 공감을 잘하기 때문에 슬프거나 화나거나 힘든 상대의 이야기에 지나치게 감정이입이 된다. 그린의 인간적인 마음이 묻어나는 모습이다. 그린의 소통은 상호 간의 안정적인 소통이라고 볼 수 있다.

그러나 그린은 쉽게 마음의 문을 잘 열지 않는다. 잘 들어주고 상담할 수 있으나 자신의 이야기는 참는 경우가 많다. 그린은 화가 나면 상식적이고 이성적으로 날카롭게 핵심을 말할 수 있다. 그린의 부모가 조목조목 따지며 혼낼 때 아이는 수긍할 수밖에 없다. 반박할 여지가 없기 때문이다. 아이에게 잔소리를 너무 많이 하지 말아야 한다.

핑크의 소통은 어떨까? 핑크는 아주 상냥하고 친절하고 배려를 잘한다. 상대의 마음을 먼저 이해하고 읽어주기 때문에 사람들은 자신의 마음을 알아주는 핑크 사람에게 위로를 받기도 한다. 핑크의 소통은 많은 사람에게 호감을 주기도 하지만, 그림자에 있을 때 소통은 피곤하다고 느껴질 때도 있다. 겁이 많고 의존적인 그들의 말투가 꼭 무엇을 도와주어야만 할 것 같은 부담감이 되기 때문이다.

핑크의 소통은 따뜻하지만 우유부단하다. 무엇인가 결정을 내릴 때 상대방의 의견을 적극적으로 존중한다. 배려받는 기분이라 좋기도 하지만 때로는 자기 생각이 없다고 느껴질 때도 있다. 아이는 핑크 부모와의 소통을 좋아한다. 그러나 커가면서부터는 지나친 관심의 언어에 부담을 갖게 된다. 핑크 아이는 말보다 몸짓의 표현이 먼저다. 먼저 안아주고 대화를 해야 한다.

골드의 소통은 자신감이 넘치고 활력이 솟는다. 도전 정신이 충만한 그들은 일단 변화를 시도하는 데 있어 과감하다. 사업을 한다면 협상을 잘하고 승부욕이 강하기 때문에 소통에서도 밀리지 않는다. 사람들에게 강하게 어필할 수 있는 언어를 사용한다. 자신감을 가지고 긍정적으로 말하기 때문에 사람들은 골드의 말투에 매료되기도 한다.

그러나 승부욕이 강해서 골드 사람들은 언쟁을 벌일 수 있다. 골드 아이가 자신의 주장을 계속 내세운다면 부모는 아이 의견에 따라가는 일이 많다. 돌려서 말하지 말고 정확하고 단호한 대화가 필요하다.

터콰이즈 에너지를 많이 쓰는 사람은 간단명료하게 자신 위주로 말을 한다. 이들은 남의 시선이 전혀 두렵지 않다. 창조적이고 독특한 언어는 일반적인 사람과 다르다. 이런 자기 생각을 스스로 기특하게 생각한다. 남과 같은 생각을 하는 것이 싫다. 누군가는 터콰이즈 사람들에게 이기적이라 말할 수 있지만, 누군가는 재미있고 자존감이 높은 사람이라고 평가할 수 있다.

솔직하고 직선적이며 간단명료한 터콰이즈의 대화는 핑크나 그린 사람을 힘들게 할 수 있다. 터콰이즈 사람은 나쁜 남자, 나쁜 여자처럼 묘한 매력이 돋보이는 소통법을 가지고 있다. 많은 사람과 소통하기보다는 자신을 이해하는 사람들과 대화하는 것을 좋아한다. 아이에게 지나치게 솔직한 대화는 상처를 줄 수 있음을 알아야 한다.

인디고 에너지를 많이 쓰는 사람과 소통하면 긴장하게 된다. 머리가 좋고 이해하는 능력이 뛰어나기 때문이다. 이들은 말이 별로 없을 수 있다. 그러나 한마디 짧게 내뱉더라도 의미 있고 전체를 파악하는 핵심적인 이야기로 일침을 놓을 때가 종종 있다. 그럴 때 상대방은 대화를 어떻게 이끌어 나가야 하는지 방향을 잃고 당황하기도 한다. 그러나 조언을 구하거나 결정을 하지 못할 때 이들과의 소통은 신뢰할 수 있고 의지가 된다. 아이에게 엄격한 대화체를 사용함으로 권위적인 부모의 모습을 보이는 경향이 많다. 아이에게 다정한 대화를 할 수 있도록 노력하자.

블루그린 사람들의 소통은 낯가림이 있다. 먼저 나서서 대화하기보다는 상대방이 다가와 말을 걸어주기를 바란다. 이들은 경계하고 의심을 할 수도 있으며 친해지기가 어려울 수도 있다. 자신의 마음을 잘 드러내지 않고 대답을 할 때도 아주 천천히 생각한다. 무엇인가 당황스러운 질문에는 대답을 잘하지 못할 수도 있다

그러나 조금 친해지고 마음의 문을 열기 시작하면 블루그린 사람들과의 대화는 진솔하고 솔직담백하다. 생각이 많으므로 언어로 표현하는 데 시간이 걸린다. 그러나 신중하고 솔직하므로 사람들에게 신뢰감을 얻는다. 잘 참는 성향이므로 질문을 던지는 대화법이 좋다.

퍼플 사람들과의 대화는 섬세하다. 감성적으로도 매우 예민한 감각을 지니고 있다. 언어에 상처를 잘 받는 편이지만 무엇이든지 잘 수용하고 포용할 수 있다.

자기가 가지고 있는 관심도에 따라 반응을 잘한다. 반면에 어느 순간 넋 놓고 있는듯한 표정으로 대화를 잘하고 있는 건지 모를 때도

있다. 한마디로 그때마다 대화의 소통법을 예측할 수 없다. 산만하게 주제가 왔다 갔다 하기도 하고 너무 심오하게 깊은 대화가 가능하기도 하다.

어느 포인트에 감동하는지 화가 나는지 종잡을 수 없다. 우아한 카리스마를 가지고 있어 화가 날 때는 소리 없는 차가움을 느끼게 한다. 생각하는 관점이 남달라서 대화의 주제가 다채롭다. 퍼플은 어떠한 주제든지 마음속 이야기를 꺼내게 하는 것이 좋다.

마지막으로 마젠타 사람들과의 소통은 늘 감사가 넘친다. 물론 빛의 측면에 있을 때를 이야기하는 것이다. 일상생활에서의 감사가 넘치는 마젠타는 작은 것에도 감동한다. 대화 도중 순간순간 긍정적인 언어로 표현하고 소통할 수 있다.

많은 것들을 품을 수 있는 넉넉함을 지녀서 엄마와 같은 자상한 소통이 가능하다. 그러나 그림자에 있을 때 자기 뜻대로 대화가 이루어지지 않으면 힘들어한다. 자신이 듣고자 하는 말을 듣기 위하여 노력하는 사람이다. 서열상의 힘이 존재하는 사이라면 권위를 내세워서라도 자기만의 이야기를 펼친다. 마젠타 사람들은 설득을 잘한다. 자신이 계획한 대로 이루어지길 바라는 마음에 최선을 다한다.

컬러들이 자신만의 대화법을 고집해서 갈등이 생긴다면 누구의 잘못이라고 할 수 있을까? 자기의 컬러대로 말했을 뿐인데 말이다.

말 한마디가 내 아이의 인생을 바꿀 수 있다

무심코 던진 말이라도 일단 입 밖으로 나온 말은 사람의 마음에 파장을 일으킨다. 격려와 비교의 말 한마디로 아이의 인생이 양극단으로 왔다, 갔다 할 수 있다. 그만큼 말의 힘은 세다.

'말의 수명은 참 길다'라는 말이 공감이 된다. 어렸을 때 우스갯소리로 들었던 '못난이'라는 말 한마디로 평생 외모에 위축돼서 사는 사람이 있다. 어린 시절 형제간을 비교했던 부모의 말에 늘 자신의 재능을 비하하는 사람도 있다. 말한 사람은 잊어버리고 잘사는데 상처가 된 말을 들은 사람은 시간이 오래 지나도 그 상처로 가슴이 쓰리다. 이 말의 위력이 이렇게 강하고 세다는 것을 우리는 알면서도 아이에게 말을 함부로 할 때가 있다.

외향적인 컬러의 사람들은 쉽게 말실수를 할 때가 많다. 특히 레드와 오렌지 컬러들은 해결중심의 화법이기 때문에 충고나 조언을 스스럼없이 한다. 블루 계통의 사람들은 말실수를 줄이기 위해 말을 하지 않는 경향이 있다. 어떠한 컬러든 아이를 존중하는 대화를 해야 한다.

아이가 어리더라도 부모의 감정에 취해 상처를 줄 수 있는 말은 조심해야 한다. 부모는 모를 때가 많다. 아이가 커서 "나 그때 이런 말 때문에 상처받았어요" 하는 순간들이 생긴다. 왜 그때 말하지 않았냐고 물어보고 싶겠지만 어린 아이 입장에서는 쉽게 말할 수 없는 상황들이 많다. 부모가 무심코 던진 말이 아이의 마음에 평생 생채기로 남을 수 있음을 기억하자.

09

행복한 관계를 위한
4가지 방법

1. 컬러가 다르듯이 사람도 모두 다름을 인정한다

빅데이터로 통계를 내서 똑같은 생일과 시간에 태어난 사람들의 수를 알아보았다. 전 세계에서 4명 정도가 생일이 같을 수 있다고 한다. 최소단위 두 시간 간격으로 사람의 태어남을 통계로 낸 결과라고 한다. 그럼 앞으로 더 발전하는 과학분석으로 초 단위까지 계산한다면 같은 시간에 태어난 사람을 찾을 수 있을까?

찾을 수 있다 하더라도 태어난 지역과 부모의 성향, 주변의 상황들로 나와 같은 성격을 가진 사람은 없을 것이다. 그러므로 나와 완전히 똑같은 사람은 없다. 즉 모든 사람의 다름을 인정한다면 틀림이 아니라 다름을 받아들여야 한다. 머리로는 알고 있으나 가슴까지 가는 길, 행동으로 옮기는 일이 왜 그리 어려운 것일까?

나의 의견과 생각이 다르면 화가 나고 서운하기만 하다. 그냥 다른 생각이라는 것을 인정하면 되는데 나를 싫어하거나 나를 거부한다고 느껴진다. 사람의 성격은 한 가지 컬러로 이야기하기 어렵다. 다양한 그림과 같다. 어느 컬러를 많이 사용했느냐에 따라 전체적인 분위기가 다르다.

밝고 환한 컬러가 얼마나 큰 비율을 차지하고 있는지에 따라 다르다. 여러 컬러가 어떻게 쓰였느냐에 따라서도 다양한 느낌을 전달한다. 같은 레드 컬러 유형의 사람일지라도 같지 않다. 흐린 레드와 진한 레드의 느낌은 확연히 다르다. 그사이에 겹겹이 겹쳐 있는 많은 레드가 명암과 채도를 달리하고 있다.

주변에 어떤 색과 조화를 이루었는지 셀 수 없는 그 많은 성향을 일일이 열거할 수도 없다. 그래서 인정해야 한다. 이 세상에 나의 성격은 단 하나임을 말이다. 그리고 내 아이도 다른 성격의 유형임을 인정하고 공부해야 한다. 비슷한 컬러의 성격이 서로 존재하는 것이지, 똑같은 성격은 없다. 하지만 부모들은 착각한다. 아이는 자신의 기질에 따라 행동한다는 것을 잘 모른다. 부모는 모든 것을 부모의 교육과 환경으로부터 원인을 찾으려고 한다. 다양한 컬러 성격을 인정하는 것부터 내 아이와의 행복한 관계는 시작된다.

2. 모든 컬러는 장단점이 있다

한낮의 태양 빛을 살펴보면 빛이 가장 밝고 환할 때 그림자는 아주 작아서 보이지 않는다. 반대로 태양 빛이 사라질 때 그림자는 길게 드리워져 있다. 그림자를 줄어들게 하는 방법은 많은 빛을 비춰야 한다는 것이다. 빛과 그림자는 따로 떼어낼 수 없는 존재다. 항상 이중적인 자연현상이지만 늘 함께한다.

그림자가 있어야 빛의 밝음과 소중함을 알 수 있다. 슬픔이 있어야 기쁨이 크게 느껴지는 것과 같다. 컬러 성격에도 장단점이 있다. 그

것은 어쩔 수 없는 하나의 모습이다. 나의 마음이 빛처럼 밝은 가운데 있을 때 나의 어둠이 사라진다. 결국, 그림자를 이기는 것은 빛이다. 내 마음의 긍정적인 빛을 키우기 위해 어떤 노력을 해야 할까? 대표적으로 삼원색을 예로 들어 보겠다.

레드 유형의 사람들은 마음이 우울해지면 행동해야 한다. 무조건 걷기라도 해야 한다. 행동해야 부정적인 그림자에서 빠져나올 수 있다. 운동이나 여행, 청소하거나 수다라도 떨며 움직여야 긍정적인 빛으로 나올 수 있다.

옐로우 유형 사람들이 우울해질 때는 끊임없이 배워야 한다. 이들은 새로운 것에 대한 호기심으로 가득차 있어서 새로움을 발견했을 때 기분이 좋아진다. 아니면 도서관이나 서점에 가서 자기 계발서를 읽는 것도 도움이 된다. 조금이라도 성장하는 자기 자신을 발견해야 부정적인 그림자에서 나올 힘이 생긴다.

반면에 블루 유형 사람들은 움직이지 않아야 한다. 잠을 자거나 낚시를 하거나 혼자 여행하거나 아니면 영화나 텔레비전 삼매경에 빠지는 것이 이들에게는 휴식이다. 블루 성향들은 사람이 많이 모인 곳을 피곤해한다. 혼자 있는 것이 더 좋은 쉼이 될 것이다.

이렇듯 컬러마다 빛과 그림자가 다 다르다. 그래서 쉼이나 스트레스를 해소하는 방법들도 각기 다르다. 상대방의 빛과 그림자를 이해한다면 그것이 하나라는 것을 안다. 사람은 각자 장단점이 있다는 것을 기억하자. 그러면 좀 더 타인을 포용할 수 있는 마음의 여유가 생길 것이다. 건강한 관계라는 것은 그 사람의 장단점을 모두 받아들이는 것이다.

타인의 긍정적인 부분과 부정적인 부분을 모두 수용할 수 있다면 좋은 관계를 유지하는데 힘들지 않을 것이다. 교사 교육을 하면서 다음과 같은 게임을 하기도 한다. 돌아가면서 칭찬해주기 게임을 하고 난 후 자신의 소감을 말하게 한다. 하다 보면 칭찬받는 것을 어색해한다. 부끄럽지만 기분이 좋다는 의견이 대부분이다. 또한 자신의 단점이 타인에게 장점이 될 수도 있다는 것을 발견하게 된다.

비난하지 않고 칭찬했을 뿐인데 다들 자신의 그림자를 거부감없이 인정한다. 단점이 없는 사람은 아무도 없고 장점만 있는 사람도 없다. 그러나 그림자에 시선이 머물기보다는 긍정적인 빛을 더 바라봐주어야 한다. 부정적인 그림자 또한 인정하고 받아들이는 성숙한 마음을 일깨워야 한다.

3. 판단하지 말고 차이점을 인식하자

사람들은 각자 살아온 경험과 가치관에 따라서 받아들일 수 있는 수용의 정도가 다르다. 그래서 나와 다른 컬러 성격들을 내 방식대로 해석하고 판단한다. 자신만의 해석은 상당히 무서운 것이 된다. 장님이 코끼리의 다리만 만지고 그것이 전부인 양 말하는 것처럼 말이다.

컬러 성격이 좋은 것은 자기 멋대로 판단하지 않게 도와준다. 살면서 그 차이점을 인정한다는 것이 말처럼 쉽지 않다는 것은 다들 잘 알고 있다.

그러나 그 차이점을 인식하는 것은 성장하는 데 큰 힘이 된다. 서로 유연하게 바라볼 수 있게 한다. 객관적으로 상대방을 보려고 하기 때문에 쓸데없는 오해를 줄일 수 있다.

자기 자신의 감정을 쉽게 표현하고 행동하는 사람들은 말이 없거나 느리게 행동하는 사람에 대해 잘못된 판단을 내릴 수 있다. 또한 직언하거나 솔직한 표현을 하는 사람을 보고 나를 싫어해서 저렇게 표현하는 건가 오해할 수 있다.

대부분 블루 남편들은 아기자기하게 사랑표현을 하지 못한다. 아내들은 따뜻한 마음 씀씀이가 말 한마디로 표현될 때 감동받는다. 표현하지 않는 남편에게 '나를 사랑하지 않는구나'라는 생각으로 서운함과 외로움을 느낀다. 오랜 시간이 지나서야 아내는 이 마음속 응어리를 풀어놓는다. 쑥스러워서 잘 표현하지 못해서 그렇지 아내에 대한 사랑이 각별한 남편은 자기도 모르게 원망을 듣게 된 것에 억울해진다. 남편의 진짜 마음을 알게 된 아내는 오랜 시간 자기만의 잘못된 생각으로 쓸데없는 속앓이를 한 것에 안도의 한숨을 쉬게 되었다.

성격이 급하고 행동이 빠른 부모는 아이의 신중하고 생각이 많아 느린 성향을 답답해한다. 그래서 '빨리, 빨리'라는 언어로 아이의 마음을 불안하게 만들 수 있다. 또한 부모와 다른 성향을 비난하고 비교함으로써 상처를 줄 수도 있다. 변화를 두려워하고 신중한 아이의 성격을 알고 객관적으로 볼 수 있다면 마음과 달리 왜곡된 감정이 전달되는 것을 막을 수 있다. 그리고 기다려주는 힘이 생긴다. 나와 다른 성격으로부터 마음을 함부로 판단하지 말고 그 차이점을 인식한다면 우리는 더욱 행복해질 수 있다.

4. 사람을 컬러 성격의 틀에 맞추지 말자

주의해야 할 것이 있다. 컬러 성격을 배웠다고 해서 모든 사람을 한 가지 컬러로만 단정짓지 말아야 한다. 다만 지금 상대방이 어떠한 컬러 에너지를 쓰고 있는지 알아야 한다. 단색으로 그려진 그림은 많지 않다. 그림을 보고 '이건 무슨 색이다'라고 명명하지 않는다. 전체적으로 어두운 느낌인지 밝은 느낌인지 그 그림이 주는 분위기를 느껴야 한다.

어떤 컬러로 변해있는지 어떤 마음의 컬러를 쓰고 있는지를 살필 수 있어야 한다. 그러다 보면 변화된 컬러 속에 마음이 보이고 원인이 보인다. 그때마다 다른 감정을 읽을 수 있는 도구로 컬러 성격을 이해하고 소통하길 바란다. 특히 컬러로 아이의 마음을 단정짓지 않도록 노력해야 한다.

단정짓고 의사소통을 하는 것은 상대방의 마음을 닫히게 할 수 있다. 컬러 성격을 처음 접하게 되었을 때 나는 이러한 실수를 많이 했다. 그것은 의사소통을 깊게 하는 것에 방해가 되는 요인이었다. 때로는 아이를 화나게 하는 요인이기도 했다.

지금 이 순간의 나의 감정을 섬세하게 보고 내가 어떤 컬러 성격을 어느 정도 사용하고 있는지 마음을 들여다보는 연습을 해보자. 부모인 내 마음 상태를 먼저 알아야 내 아이의 마음을 읽을 수 있다. 어렵게만 느껴지는 아이와의 소통을 내 마음 들여다보듯이 살펴보자. 아이와의 소통이 조금은 수월해질 것이다.

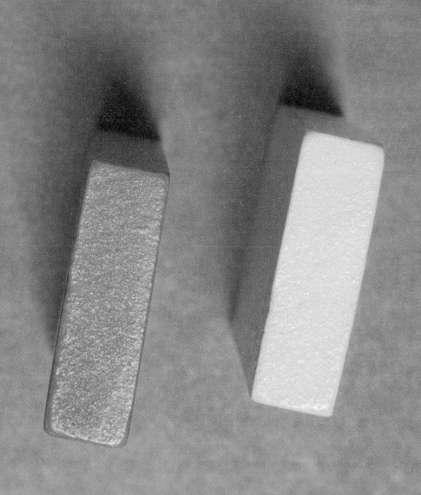

Chapter 2.
색다른 부모 마음
12컬러 이야기

부모 컬러 성향 체크리스트

컬러 키워드로 엄마가 많이 쓰는 에너지를 확인해보자. 우리는 12컬러 에너지를 모두 쓰고 있지만 유독 지금 많이 쓰는 에너지가 있다. 컬러 키워드는 그때그때 나의 컬러 성격을 나타내는 것으로 주기적으로 체크해보는 것이 좋다. 자신의 마음을 들여다볼 수 있는 셀프 테스트로 활용하면 도움이 된다. 요즘 내가 많이 쓰고 있는 나의 긍정에너지가 제일 많은 컬러는 어떤 색인가?

지금 내 마음 단어체크

열정	뜨거움	용기	의지력	리더십
추진력	외향적	자주성	목표 달성	힘

레드 에너지 합계 =

원리원칙	신뢰	약속	평화	소통
성실	경청	이성	논리	책임

블루 에너지 합계 =

호기심	즐거움	자유	창의성	표현력
사교성	도전	게임	경험주의	자유

오렌지 에너지 합계 =

밝음	행복	낙천적	정보통	지적인
자신감	유머	합리적	분석	명료한

엘로우 에너지 합계 =

연민	존재감	애정	감성적	애교
따뜻함	사랑	배려	친절	순수함

핑크 에너지 합계 =

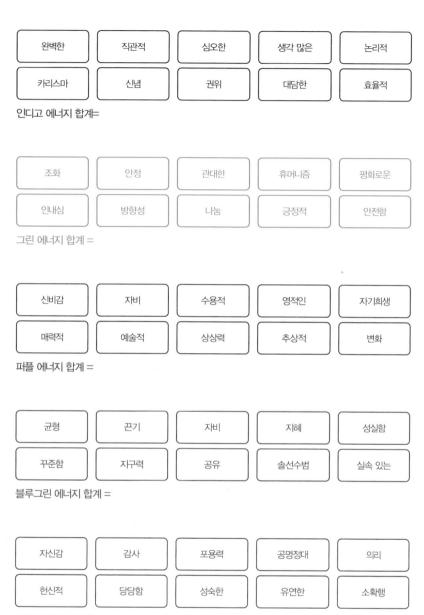

완벽한	직관적	심오한	생각 많은	논리적
카리스마	신념	권위	대담한	효율적

인디고 에너지 합계=

조화	안정	관대한	휴머니즘	평화로운
인내심	방향성	나눔	긍정적	안전함

그린 에너지 합계 =

신비감	자비	수용적	영적인	자기희생
매력적	예술적	상상력	추상적	변화

퍼플 에너지 합계 =

균형	끈기	자비	지혜	성실함
꾸준함	지구력	공유	솔선수범	실속 있는

블루그린 에너지 합계 =

자신감	감사	포용력	공명정대	의리
헌신적	당당함	성숙한	유연한	소확행

마젠타 에너지 합계 =

터콰이즈 에너지 합계 =

| 긍정적 | 도전력 | 개혁력 | 스피드 | 전략적 |
| 가치 있는 | 열망 | 성과 지향적 | 인정 | 이상적 |

골드 에너지의 합계 =

첫 번째 많이 나온 색 1순위 컬러 =
두 번째 많이 나온 색 2순위 컬러 =
세 번째 많이 나온 색 3순위 컬러 =

～～～～～～～～～～～～～～～～

　1, 2, 3순위에 똑같은 숫자가 많아서 컬러를 많이 골랐다면 여러 가지 마음을 균형 있게 사용한다는 뜻이다. 전반적으로 체크가 부족하고 체크할 것이 전체 2, 3밖에 없다면 그 사람은 자존감 부족으로 우울한 마음을 가지고 있을 수 있다. 너무 과하게 모든 것이 다 체크되어 있는 것도 좋다고 볼 수는 없다. 자기 자신에 대한 지나친 나르시시즘이라고 볼 수 있기 때문이다.

　과하거나 부족한 사람들의 개인 상담을 하다 보면 마음의 문제를 발견할 수 있다. 컬러 키워드는 긍정의 키워드로만 기록되어 있다. 우리의 근원적인 존재는 빛처럼 밝은 마음을 가진 사람들이기에 잠시 그림자에 가려진 나의 밝은 마음을 찾아내는 것이 인생의 과제이기 때문이다.

이 마음은 그때마다 다르다. 내가 제어하지 못하는 외부의 자극으로부터 수시로 변하는 마음의 변화를 점검하며 지금 나에게 필요한 컬러 성격은 어떤 것인지 그에 따른 처방을 스스로 내려보자.

컬러의 메시지들을 보며 나의 마음은 지금 어느 컬러로 칠했는지 살펴보자. 나의 잠재적 능력을 끊임없이 되뇌며 스스로 마법의 주문을 걸어보기를 바란다. 나에게 주는 말들은 나의 삶이 될 수 있다. 말에 의한 파장 에너지는 우리가 생각한 것보다 강력한 힘을 가지고 있다. 긍정마인드와 긍정언어로 주변의 에너지를 밝고 환하게 색칠해보자.

○●○○○○○○ **01** ○○○○○○

레드,
무조건 최고여야 해!

레드의 빛 – 열정, 목표 의식, 리더십

레드 에너지를 많이 쓰고 있는 소영 씨가 한숨을 내쉰다. "나는 일 잘한다는 말이 너무 싫어요." 의외였다. 아르바이트로 시작한 사회생활을 아주 잘해서 곧 점장으로 승진한다고 말했다. 일을 잘한다는 건 칭찬인데 듣고 싶지 않다니…. 처음에는 이해가 잘되지 않았다.

소영 씨는 일을 시작하면 대충할 수 없는 자신이 문득 싫어진다. 때로 자신을 힘들게 하는 것 같아 화가 난다. 자신보다 어린 직원들이 조금만 일을 많이 해도 힘들다고 앓는 소리를 할 때는 정말 한 대 쥐어박고 싶은 생각이 들기도 한다. 마음은 대충하고 싶지만 일을 하다 보면 어느새 혼자 다하고 있는 소영 씨의 레드 에너지는 무엇이든 최선을 다하는 힘을 가지고 있다.

레드 컬러는 강렬하다. 신호등 빨간불에 급정지하듯 강함이 느껴진다. 레드 컬러를 보면 긴장되고 흥분되기도 한다. 언제부턴가 우중충하게 비 오는 날 빨간 우산을 쓰면 기분이 좋아진다. 흐릿한 세상에 포인트를 찍게 만드는 힘이 있다. 선명하고 밝은 강렬함으로 남들의 시선을 받고 싶은 느낌이다. 또한 날씨가 만든 우울함을 이겨내고 싶은 도전이기도 하다.

레드 마음은 그 온도가 절대 사라지지 않을 것 같은 뜨거운 열정을 가지고 있다. 내가 할 수 있는 것을 끊임없이 도전하고 구체적인 목표를 갖게 하는 마음이다. 이 마음은 목표를 정하면 다른 것들을 보지 못한다.

레드 성향의 사람들은 무엇인가 해야 할 일이나 목표가 생기면 힘이 생긴다. 꼭 결과를 내려고 애쓴다. 칼을 들었으면 무라도 썰어야 한다는 심정으로 무엇인가 시작한 일이 있다면 최고가 되고 싶어 한다.

친구들의 볼멘소리를 듣기도 한다. "넌 뭐가 그리 바빠? 너 자꾸 바쁜 척하면 나중에 안 만난다." 그러나 친한 친구들은 안다. 그녀가 왜 그렇게 열심히 살고 있는지. 특히 레드 성향은 어릴 때 경제적인 문제로 좀 힘들게 자라왔다면 더 열심히 일한다.

이들은 머리가 엉덩이에 있다고 한다. 즉 머리로만 생각하는 것이 아니라 행동부터 먼저 한다. 무엇인가 움직이며 결과를 내려 하고 시간에 대해 헛되이 쓰는 것을 아까워한다. 대부분 레드 사람들은 잠자는 시간이 아깝다고 말한다. "죽으면 잠만 계속 잘 텐데…" 그들이 잘하는 말이다. 일 중독에 걸릴 확률이 높다.

레드 사람들은 야망이 크다. 힘을 가진 사람이 되길 원한다. 그것이 경제력이 될 수도 있고 명예욕이 될 수도 있다. 그들은 다른 사람보다 앞서가려다 보니 가시밭길도 마다하지 않고 개척한다. 목표가 클수록 성취감도 크고 집중하는 힘도 크다. 무엇인가 몰입할 때 주변이 눈에 들어오지 않는다.

레드 성향의 엄마들은 경쟁심이 높다. 내 아이가 열심히 노력하고 최고가 되기를 바란다. 그래서 무엇이든 해주기 위해 노력하는 부모들이다. 아이를 위해서 최선을 다하는 레드 엄마들은 아이들의 일정을 관리하며 빨리빨리 계획대로 움직여주기를 원한다.

레드 부모는 강한 부모다. 가족을 위해서 자기 자신을 희생할 수 있을 만큼 모성애도 강하고 뜨겁다. 아이들을 위해 좋은 교육 기관들을 다 찾아다닌다. 엄마들 모임에서도 리더로서 정보를 나누기도 한다. 어린아이들에게 레드 부모는 아주 든든하게 느껴진다.

레드의 그림자 - 분노, 무기력, 남 탓

레드의 그림자 마음은 다혈질이 많다. 욱하고 치미는 분노를 조절하지 못해 소리를 지르고는 한다. 레드의 마음이 부정적인 그림자에 머물고 있을 때는 투덜이 스머프를 닮았다.

자기 맘에 안 드는 것이 있으면 투덜거리며 화를 잘 낸다. 필자는 분노에 가득한 레드 사람을 처음에는 다독이다가 지금은 투덜거리게 내버려 둔다. 그러지 않고는 화병에 걸리는 스타일이기 때문이다. 짧은 시간 투덜대다가 다시 제자리로 돌아가기 때문에 기다리면 된다. 언제 어디서 욱하고 터질지 모르는 시한폭탄 같은 불안감에 긴장하게 만드는 사람이다. 레드 마음은 욱하는 잠시의 시간만 기다려주면 자신의 실수를 쉽게 인정하는 솔직함이 있다.

다른 부정적인 그림자는 자신감이 과도하게 폭발한다는 것이다. 성취감을 크게 느끼는 스타일이라 때로는 주변 사람을 배려하지 않고 자기 뜻대로만 움직이는 오만한 독선적인 행동을 보이기도 한다.

한 직장 상사를 두고 수군거리는 소리다. "자기 맘대로 할 걸, 뭐

하러 우리 의견을 듣는 거야? 항상 제멋대로 하면서." 뒷담화를 끝내자마자 들려오는 직장 상사의 한 마디. "오늘 회식은 삼겹살이다. 한 사람도 빠지지 말고…" 삼겹살에 질린 부하 직원들은 짧은 한숨을 소리 없이 내뱉으며 "네…"라고 대답할 뿐이다.

레드 사람들은 목표가 사라지면 무기력해진다. 목표를 잃으면 아무것도 하지 않고 의욕 상실 상태에 접어든다. 레드 엄마는 아이의 시험이라는 성적 목표를 달성한 후에 다음 시험 때까지 굉장히 무기력해진다. 열심히 지도했기 때문이다.

목표를 달성하지 못하거나 어려워지면 환경이나 남 탓을 하는 경우가 많다. "부모님이 능력 있었으면 내가 이리 살지 않는데", "독감에 걸리지만 않았어도 시험 잘 봤을 텐데", "배우자만 잘 만났어도", "진짜 그 사람만 아니었어도" 등 달성하지 못한 목표의 핑곗거리를 계속 만들어 낸다.

레드 부모가 그림자 마음에 있을 때 조심해야 하는 것은 아이들에게 함부로 말하지 않도록 해야 한다. 욱하는 마음이 올라오거나 뜻대로 되지 않을 때 막말을 할 수가 있다. 명령조로 말을 함으로 권위 의식을 보이기도 하고 이성을 잃으면 상처를 주는 말들을 서슴없이 해서 아이의 마음에 생채기를 남긴다. 물론 감정이 내려오면 아이라도 솔직하게 사과하는 레드 부모이지만 핑크나 그린처럼 관계 지향적인 기질을 가진 아이들의 마음엔 평생 생채기로 남아 힘들게 할 수 있다.

레드의 불같은 사랑

태양과 같은 레드의 사랑은 불같이 정열적이다. 나를 좋아하는 사람보다 내가 좋아하는 사람을 주로 선택하는 편이다. 혹시 나를 좋아하는 사람을 선택했다면, 좋아하는 사람에게 배신을 당하거나 사랑에 대한 아픔이 있는 사람일 경우가 많다. 경쟁자가 있다면 이 사랑은 활활 뜨겁게 타오른다. 어떠한 장애를 딛고라도 쟁취하고 자기 사람으로 만들기 위해 최선을 다한다. 그래서 레드 에너지가 많은 운동선수가 미인을 차지할 확률이 높다. 그 사람이라는 목표가 생기면 물불 안 가리기 때문이다.

레드 사람은 솔직해서 있는 그대로 표현한다. 미사여구로 사랑을 전하기보다 "나, 너 좋아", "너를 사랑해", "네게 반했어" 등등 담백하고 꾸밈없는 솔직함이 매력이다. 레드의 사랑은 정의감이 강하고 성실하므로 상대의 애교에 약한 모습을 보인다. 겉은 강해 보여도 마음은 여릴 때가 많다.

약해 보이는 사람에게는 부드럽고, 강한 사람에게 맞서는 공명정대한 마음을 가지고 있다. 자신이 노력하는 사람이라 상대도 노력하는 것을 좋아한다. 즉 독립심이 강하고 존경할 수 있는 사람을 원한다. 강박관념이나 불안감이 있어서 때로는 나보다 강한 결단력과 현실적으로 기댈 수 있는 사람을 좋아하는 편이다.

레드 성향의 여자는 결혼해서도 주도권을 잡고 싶어 하고, 경제적으로 여유 있는 사람을 선호한다. 반면에 레드 성향의 남자는 자기 뜻을 잘 따라와 주는 순종적인 배우자를 선호한다. 즉 나의 강함을 느끼게 하는 여자에게 매력을 느낀다.

가정의 주도권을 가진 레드 성향 아내의 이야기다. "남편은 다 내 뜻대로 맞춰줘요. 우리 아이들은 뭐 엄마 말이면 꼼짝을 못하죠."

나는 묻는다. "가족에게 감사하시겠네요." 순간 여자의 눈은 당황스럽게 흔들린다. "그러네요, 생각해보니까 남편과 아이들이 나의 강한 성격을 보듬어주니 감사할 따름이네요"라고 말한다. 강하고 리더십이 있는 레드 성향의 사람이 감사를 표현할 수 있다면 빛나는 레드의 아름다움을 간직할 수 있을 것이다. 레드의 사랑을 응원한다.

레드에게 전하고 싶은 메시지

"

* 남 탓이 아닌 내 탓. 나를 먼저 돌아보는 연습을 하시면 어떨까요?
* 마음이 급해지면 실수가 나옵니다. 호흡을 크게 하며 한 박자 쉬어가세요.
* 화내고 싶으신가요? 침을 꿀꺽 세 번만 삼켜 보세요.
* 잘 참고 이성적으로 해결한 자신을 칭찬해주세요.
* 나의 급한 마음이 다른 사람들을 불안하게 할 수 있다는 것을 기억하세요.
* 늘 열심히 열정적으로 사는 자신을 칭찬해주세요.

"

○●○○○○○ **02** ○○○○○○

오렌지,
재미있는 경험을 다양하게

오렌지빛 – 사교성, 표현력, 순수함

상큼하고 기분 좋은 에너지를 선물하는 오렌지 컬러. 오렌지빛 과일이나 소품을 볼 때는 왠지 기분 좋은 웃음으로 다가오는 비타민 같은 느낌이다. 오렌지빛을 상상하는 것만으로도 침샘이 촉촉해진다. 식욕이 생기는 만큼 기본적인 욕구들이 스멀스멀 올라오는 듯하다.

오렌지 사람들은 몸

과 마음의 일치를 좋아한다. 호불호가 강하다. 좋은 것은 하고 싫은 것은 안 하고 싶어 한다. 마음속에서 외치는 소리를 별 고민 없이 존중한다. "노는 것도 잘해야 능력 있는 사람이지, 잘 놀고 나면 일도 열심히 할 수 있어." 오렌지 에너지를 많이 쓰는 친구가 누누이 하는 말이다.

오렌지 사람들은 인맥이 넓다. 다양한 부류의 친구가 많다, 취미를 통한 동호회나 남녀를 불문하고 모두 친구처럼 친밀감 있게 지낸다. 지선 씨는 활달한 성격 탓에 남자들이 자기를 좋아하는 줄 알고 오해를 많이 한다고 한다. 잘 웃고 잘 챙기는 성격 때문이다. 그 이후로 조심하려고 노력하지만 어디를 가나 인기가 많은 지선 씨다.

사교성이 좋아서 중재를 잘한다. 사업상의 도움을 주고받을 수 있도록 도와주기도 하고, 모인 사람들이 웃을 수 있는 분위기로 유쾌하게 만드는 재주가 있다. 그래서 분위기 메이커라고 불린다. 낯선 환경에서 새로운 사람들에게 제일 말을 잘 거는 것도 오렌지 사람들이다. 스스럼없이 사람들과 어울리는 에너지는 많은 사람이 부러워 한다.

오렌지 사람들은 창의적이고 새로운 아이디어를 제안할 수 있다. 경험에서 오는 지혜도 있을 것이다. 끊임없는 자극과 호기심을 위해 변화를 두려워하지 않는 오렌지 마음은 경험 중심형이다. 직접 해보고 주변 사람들도 같이 경험할 수 있도록 자극하고 권유하는 사람들이다.

현미 씨는 오렌지 친구 때문에 고소공포증이 있는데도 패러글라이

딩에 도전했다. "여기까지 왔는데 한번 해보면 어때? 너무 재밌어. 너 지금 안 하면 평생 못할 걸. 아이들도 하는데 왜 못해?" 도전 의식을 불러일으키는 오렌지 친구의 권유가 현미 씨의 자존심을 건드린다. 그래서 하겠다고 했지만, 차를 타고 산꼭대기로 오르는 내내 손은 땀에 젖고 몸이 경직된다.

드디어 되돌아올 수 없는 난감한 상황이 되어버렸다. 마음속 내내 친구를 원망했다. 울상이 되어버린 현미 씨 앞에서 초등학교 2학년이 담담하게 뛰어내리는 것을 보고 차마 못 한다고 징징댈 수가 없었다. 현미 씨는 도전했고 성공했다. 뛰어내리는 그 순간의 짧은 긴장감을 빼고는 놀이공원의 기구보다 무섭지 않았다. 해가 떨어지는 순간, 노을 사이로 하늘을 날고 있는 자신이 경이로웠다.

이 순간이 현미 씨의 인생을 다시 한번 생각하게 하는 시간이 되었다. 별것 아닌 것을 해보지도 않고 무서워 벌벌 떠는 자신의 모습을 떠올렸다. 오렌지 친구를 원망하는 마음 대신 고마운 마음이 생겼다. 평생 못해볼 짜릿한 경험을 오렌지 친구 덕분에 체험한 현미 씨는 그날 거하게 한 턱을 냈다.

오렌지 사람들이 부모가 된다면 아이들과 친구처럼 놀아줄 것이다. 여러 가지 경험으로 아이들의 호기심을 가득 채워주고 경험할 수 있게 도와준다. 아이들에게 있어 친구 같은 부모의 즐거운 모습은 정서적인 안정에 도움을 준다. 오렌지 사람들이 말하는 몸과 마음의 균형, 즐거움, 자유로움, 내 마음에 귀 기울이는 법. 세상의 힘겨움을 단

순하게 바라보는 힘! 그 에너지가 부러울 따름이다.

오렌지의 그림자 - 의존성, 외로움, 중독

오렌지 사람들은 즐거움과 재미를 위해 시간을 많이 쓴다. 모임과 취미활동을 위해서 돈도 많이 쓴다. 오렌지 사람들은 이 부분도 역시 담담하게 말한다. "있으면 쓰고 없으면 말고."

오렌지 마음의 그림자는 무슨 일이 생기면 아이처럼 징징거린다. 혼자 무엇을 생각하고 신중하게 해결하기 위해서 노력하는 것보다 자기를 도와줄 사람을 찾아 빨리 문제를 해결하려 한다. 이렇게 의지하려는 경향이 있다. 평소 사람들을 연결하고 도와주려고 했던 마음이 많아서 사람들의 사랑을 받기 때문에 오렌지 사람들은 도와줄 사람이 많다. 그러나 그 도움이 반복되고 의존성이 지속되면 사람들은 피하게 된다는 것을 알아야 한다.

오렌지 마음은 칭찬받고 인정받는 것을 너무 좋아한다. 누군가 칭찬해주기 시작하면 자기 과시가 점점 심해진다. 또한, 부풀리고 과장되게 이야기하거나 때로는 허풍쟁이처럼 말할 때가 있다. 사람들의 주목을 받으면 더 두드러진다. 책임감을 부담스러워하는 오렌지 사람들은 어려운 일을 회피하는 경우가 많다. 분위기 메이커기는 하지만 일 처리는 꼼꼼하지 못하고 산만한 편이다.

대체로 오렌지 에너지가 많은 사람은 외로움을 견디지 못한다. 늘 사람들과 이런저런 관계를 맺고 있어서 혼자 있는 시간이 많아지면 불안감을 느낀다. 불안함을 느끼게 되면 술이나 게임에 몰두하기도 한다. 오렌지 부모들은 자신의 즐거움이 충족되지 않으면 아이에게 짜증을 낸다. 육아를 제일 힘들어하는 컬러기도 하다. 아이들이 어느 정도 크면 자신의 모임이나 활동이 많아져서 아이들의 불만을 사기도 한다.

오렌지의 유쾌한 사랑

오렌지 사람들의 연애는 재미있다. 자기표현을 잘하며 과감하고 새롭다. 즐거운 일을 계획하여 추억을 차곡차곡 쌓아간다. 상식과 형식에 얽매이지 않는다. 상대에게 잘 맞추어서 그에 따른 재미들을 게임같이 찾아낸다. 긍정적인 마음으로 비가 오면 비를 즐기는 데이트가 이루어진다. 눈이 오면 눈을 즐기는 데이트 등 상황마다 고민이나 심각함이 없다. 진지함을 좋아하지 않아 밝고 즐거운 연애를 위해 계획을 잘 세우는 스타일이다.

여행을 떠나면 세심하게 계획을 세우는 사람들이 있지만 오렌지 사람들은 즉흥적이다. 아무것도 준비하지 않아도 바다가 보고 싶으면 그냥 바다로 떠난다. 산이 생각나면 구두를 신었어도 산으로 간다.

"산책만이라도 하고 오지 뭐, 발 아프면 그만 가고. 운동화를 하나 사든지. 그냥 떠나는 게 중요한 게 아니겠어?" 그들의 긍정적이고 단순한 생각들은 복잡한 생각을 하는 현대인들에게 활력을 준다. 오렌지 사람들은 자기와 같이 즐겁고 솔직한 사람에게 끌린다. 재미있는 사람을 좋아하며 분위기를 띄우는 사람이 좋지만 금방 싫증을 내는 것이 문제다. 연애도 게임 감각으로 즐기는 것을 좋아하며 편안함과 털털함으로 상대에게 매력을 어필한다. 그래서 호감을 느끼는 기간도 짧고 직진할 경우가 많다. 오렌지 사람들은 사랑도 쉽게 하고 끝내기도 잘한다. 사소한 것들에 얽매여 움직이지 않는 사람들을 싫어한다. 걱정 근심이 많거나 완벽주의가 있는 사람들도 답답하다고 느낀다.

인내심이 부족해서 변화가 없는 평범한 연애를 좋아하지 않는다. 상대방이 나를 신경 써주지 않으면 사춘기 반항아처럼 상대방을 괴롭힌다. 오렌지 마음은 상대방이 나를 칭찬하면 더 칭찬받기 위해 노력을 하는 스타일이다.

그래서 오렌지 사람들의 마음을 얻기 위해서는 인정해주고 칭찬을 많이 해주면 좋다. 부모가 되어서도 자기의 시간을 즐길 줄 아는 부모여야 한다. 자유가 필요한 유형이므로 양육으로부터 오는 책임감에 힘들어 할 수도 있다.

오렌지에게 전하는 메시지

"

* 홀로서기를 연습하는 시간을 두려워하지 마세요.
* 한 번 더 생각하는 습관을 들이면 실수로부터 자유로워질 수 있어요.
* 주변의 충고에 귀를 기울이세요.
* 즉흥적으로 돈을 쓰지 않도록 조심하세요.
* 모임은 적당하게 자기의 시간을 확보하세요.
* 괴로운 일이 생길 때 도망가지 말고 용기있게 맞서 보는 것은 어떨까요?

"

옐로우,
새로운 교육정보가 없을까?

옐로우의 빛 - 호기심, 따뜻함, 희망

어렸을 때 초등학교 앞에서 노랑 병아리를 팔곤 했었다. 삐약거리는 소리와 고운 빛깔에 한참 눈을 떼지 못한 적이 있다. 귀엽고 사랑스러운 노랑 병아리. 노랑색을 보면 이때 기억이 떠오른다. 두 손으로 만졌을 때의 부드럽고 따뜻한 촉감이 손끝에 남아있다.

노랑 병아리와 같은

느낌을 내게 주던 사람들이 옐로우 사람들이다. 밝고 편안한 미소를 지을 수 있는 사람들이다. 주변의 사람을 도울 수 있고 지적 호기심을 채울 수 있는 사람이다. 위트있고 다방면의 관심사가 많은 옐로우 마음을 만나면 왠지 기분이 좋아진다.

노랑색 개나리가 봄을 제일 먼저 알리는 것처럼 옐로우 마음은 미래를 미리 예견하고 움직이려고 노력한다.

옥순 언니를 만나면 도전을 받는다. 예순에 가깝지만, 나이는 숫자에 불과하다는 것을 삶으로 말해주는 분이다. 영어 회화, 댄스, 기타연주, 그리고 인문학 공부에 골프까지 다방면에 재주가 많다. 주변 사람 하나하나 신경 쓰며 따뜻한 마음을 베푸는 그분을 누군들 좋아하지 않을 수 있을까? 노력하지 않아도 빛나는 사람이다. 나서지 않아도 눈에 띄는 밝음과 유머러스함은 인간관계의 비타민이 되기에 충분하다.

그녀는 젊었을 때부터 옐로우의 긍정 에너지가 가득했다. 미래를 예측하고 다른 사람보다 인정받기 위해 이것저것 도전하며 공부한 덕택에 나름 성공한 삶을 살고 있다. 지금도 또 다른 노년의 미래를 위해 끊임없이 공부한다. 이유는 단 하나! 더 나은 사람이 되기 위해서다.

그래서 자기 자신을 통제하는 힘이 크다. 항상 계획을 세우고 그 계획대로 움직이고 싶어 한다. 성취하고 더 발전하는 자신을 만들기 위해 노력한다. 거울효과라고 하던가. 옐로우의 밝음과 희망을 전하는 환한 웃음을 마주하는 사람들은 언니를 따라 웃게 된다. 꾸밈없이 솔직한 모습으로 많은 사람과 어울리기 좋아한다. 때로는 그 안에서 조직적인 팀플레이를 움직이는 리더의 모습도 엿볼 수 있다.

모임의 리더, 회사의 임원 등 옐로우 사람은 아이디어를 생산하고 그 안에서 융통성 있는 관계를 만들어 간다. 윗사람에겐 최대한 예의와 존중을 아랫사람에겐 따뜻한 카리스마를 사용할 줄 안다.

옐로우 에너지를 가진 사람들이 부모가 된다면 자녀에게 호기심을 채워주고 밝고 긍정적인 마음으로 대할 것이다. 자녀의 질문에 친절하게 답해줄 수 있는 부모이다. 자신의 지적 호기심을 펼쳐 아이들에게 전달하고 경험할 수 있게 돕는다. 아이는 그런 부모의 모습에 자부심을 느낀다. 옐로우 에너지는 희망과 긍정의 마음을 향한 밝음이다. 부정적인 우울함이나 어두움을 거부하기 때문에 회복탄력성이 제일 높은 컬러 마음이다.

옐로우의 그림자- 감정 기복, 질투, 걱정 근심

옐로우의 그림자 마음은 인정과 칭찬 욕구 아래 걱정과 불안의 마음 졸임이 숨어 있다. 우아한 백조가 여유롭고 품위가 있어 보여도 물속의 발은 열심히 헤엄을 치는 것과 같다. 옐로우 마음은 작은 것에도 마음이 쓰이고 걱정하고 불안해한다. 그러나 이런 그림자 때문에 옐로우 에너지를 가진 사람은 더욱 노력한다.

옐로우는 12색 중에서 가장 밝은색이다. 검은 점 하나가 찍히면 너무 눈에 드러나듯 밝은 만큼 그림자도 클 수 있다. 작은 걱정과 근심으로 노심초사하기도 한다. 주변 시선을 많이 의식하기 때문에 타인의 평가에 민감하다.

영지 씨는 옐로우 남편에 대해 불평을 말한다. "우리 남편은요, 미래에 대한 걱정이 너무 많아요. 나는 그냥 잘 된다고 생각하며 '내일 걱정은 내일 하자' 주의라면 이 사람은 미래 걱정을 사서 하네요. 그럴 필요 없지 않나요? 피곤해요."

꼼꼼하고 세심한 모습에 반해 결혼했지만, 그것도 걱정에서 오는 세심함이라 조금은 답답하다. 결혼을 결심하게 한 이유가 이혼을 하게 만드는 원인이 되기도 한다.

옐로우는 병아리 같은 아이들을 상징하기도 한다. 그래서 그런지 부정적으로 에너지가 흐르면 옐로우 마음은 유아적인 성향으로 질투심이 많다. 내가 더 많이 인정받고 칭찬받아야 하는 사람이다. 연인이나 배우자가 다른 사람을 칭찬하는 것도 싫어할 수 있다.

그래서 옐로우 장미의 꽃말도 완벽한 성취, 시기 질투라는 단어일까? 젊은 시절 예쁘다고 무지하게 좋아하던 프리지어의 꽃말이 '자기 자랑, 천진난만'이다. 옐로우 마음은 자기 자신이 무척 중요한 사람이다. 그래서 자존감을 건드리는 것을 견디지 못한다. 빛이 되고 싶고 인정받고 싶은 마음이 강해서 끊임없이 노력하는 사람이다.

옐로우 마음은 빛의 색이다. 빛은 따뜻하기도 하지만 레이저처럼 강력한 힘도 발휘한다. 옐로우 마음은 현실적인 이상주의자이며 이상을 현실로 바꾸는 날카로움도 있다.

피부과에서는 여러 가지 레이저로 피부질환을 치료한다. 빛으로 치료하듯이 그 강력한 힘이 때로는 사람을 향할 때가 있다. 아이에 대해서 비난하거나 조목조목 따질 수 있으므로 조심해야 한다.

옐로우 부모는 시야가 넓어 다양하고 다방면에 관심을 보이기 때문에 배운 것을 정리하지 못할 수 있다. 그들의 생활 습관을 들여다보면 조금은 산만하게 느껴진다. 명료한 것을 좋아해서 아이에게 하나하나 정확하게 지시함으로 아이를 힘들게 하기도 한다. 또한, 아이들에게 수시로 새로운 정보들을 제시해서 아이를 당황하게 할 수 있다. 자신의 감정 기복으로 인해 가족은 스트레스를 받을 수 있다는 것을 기억해야 한다.

옐로우의 미래지향적 사랑

옐로우 마음은 꾸밈없이 소탈하고 편안한 대화를 나눌 수 있는 상대방을 원한다. 또한, 각자의 꿈과 목표를 가지고 날마다 더 나은 삶을 향해 나아가는 사람이 되고자 한다. 토론을 좋아하고 서로 조언해주는 관계를 원한다. 이들이 답답해하는 사람은 새로움보다는 검증된 것을 좋아하고 여러 가지를 따지는 사람들이다.

자신보다 지적인 사람을 선호하고 논리적으로 말하는 사람들을 좋아한다. 평소 외모를 중시하던 진희 씨가 선을 보았다. 옐로우 마음의 그 남자는 한눈에도 실망스러웠다. 키도 작고 미남도 아니다. 표정을 감추며 차 한 잔의 시간을 마지막이라 여겨 최대한 예절을 지키고 있었다. 그런데 점점 그 사람의 이야기에 빠져들었다. 남자는 상식이 뛰어난 사람이고 미래 지향적이었다. 다양한 취미생활을 하고 있었고 노년의 꿈까지 계획하고 있는 모습이 매력적으로 여겨졌다.

한 번만 더 만나보자고 생각한 마음이 결혼까지 이르게 되었다. 결혼한 지금, 아직도 고개를 갸웃거린다. "내가 뭐에 홀린 게 틀림없는 거 같아. 그때 왜 멋있게 보였을까!" 옐로우는 인정받고 싶은 마음이 강해서 다른 이들의 시선을 의식한다. 그래서 축복받는 결혼을 하고 싶고 미래지향적인 사람을 좋아한다. 감정의 기복이 강하기 때문에 그 감정을 잘 다독이는 사람을 좋아한다.

옐로우에게 전하는 메시지

* 비판적인 시각으로 판단하려고 하지 마세요.
* 누군가 나의 좋은 점을 칭찬한다면 겸손보다는 감사를 전하세요.
* 시야를 넓혀 끊임없는 지적 호기심을 채우고 자신감을 높이세요.
* 자신감과 자존감은 다르다는 것을 이해하세요.
* 틀렸다면 계속 고집 피우지 말고 솔직하게 인정하세요.
* 새로운 것에 대한 선호로 오래된 것들의 가치를 경시하지 마세요.

○○○○●○○ **04** ○○○○○○

그린,
가족의 평화를 위해 참는 거야

그린의 빛 – 조화, 균형, 안정

요즘 너무 힘들고 괴롭다는 친구가 말한다. "초록색이 보이는 카페가 있어. 거기로 가자. 나는 요즘 초록색이 보이는 산이나 카페에서 힐링하고 와야 숨을 쉴 수 있는 것 같아." 컬러 공부를 하지 않은 친구인데 만나자마자 가고 싶은 카페가 있다면서 데리고 갔다.

나는 컬러 이야기를

해주며 친구에게 요즘 무슨 일이 있는지 물었다. "아, 그래서 내가 그리도 초록색이 끌렸구나." 친구는 1년 동안의 힘들었던 일들을 봇물 터지듯 쏟아놓은 후에 고맙다고 말했다. 들어주기만 했는데 친구는 말하면서 무엇인가 정리되고 속이 후련한 기분을 느꼈다고 했다.

문득 정신병원에 상담하러 가신 할아버지의 재밌는 이야기가 생각난다. "의사 양반! 말은 내가 계속하고 돈까지 내가 내야 하는 거야?" 그러자 의사가 말했다. "할아버지! 저처럼 이렇게 할아버지 말을 진심으로 듣고 반응해준 사람이 주변에 있나요?" 할아버지는 순간 아무 말도 못 하셨다고 한다. 바쁜 현대인들은 점점 개인주의가 되어 경쟁사회에서 살아남기 위해 자신의 외로움을 감추기도 하고 누군가를 위해 이야기를 들어주는 것조차 힘든 세상이다.

이때 주변을 챙기고 남의 말을 들어주며 편안함을 느끼게 하는 그린 사람이 주위에 있다면 행복한 사람이다. 그린은 성향상 마음속 평화와 안정을 선호한다. 숲을 닮은 그린은 모든 생명을 보호하고 지키며 삶의 터전과 안전을 제공한다. 자신의 가족, 동료. 자신의 울타리를 위해 최선을 다하는 사람이다. 처음부터 마음 문을 쉽게 열어주지 않는다. 그러나 한 번 마음속에 들어온 사람은 최선을 다해 보살피고 든든한 울타리가 되어준다.

그린 사람을 의지하는 사람들이 많다. 누군가 어려운 일이 생기면 이들은 자신의 인맥과 능력, 할 수 있는 모든 것을 동원해서 돕는 의리

파다. 남을 돕고 그 감정에 같이 몰입할 수 있는 따뜻하고 편안한 마음이 있다. 딸아이를 둔 부모들은 그린의 사위를 얻고 싶어 한다. 가족을 잘 챙기는 그린의 남자는 평화주의자이지만 가족의 안위나 조직 내 경쟁에서는 강한 승부욕이 발동한다. 가족 또는 사업체를 안정적으로 이끌어가고 보호할 책임감이 강하다.

그린이 대표 자리에 있다면 직원들의 존경을 받는다. 각자의 고민거리를 살피며 생일이나 취향을 세심하게 챙긴다. 개인적으로 힘든 일이 있는 직원을 챙겨주는 해결사 역할을 하니 직원이 행복하지 않을 수 없다.

그린 사람들이 부모가 되면 어떠한 모습일까! 가족 우선주의로 가족을 보호하고 아이들을 세심하게 양육할 수 있을 것이다. 조화와 균형을 중시하고 주변을 보살피는 따뜻한 마음은 가족을 사랑으로 이끌 수 있는 그린의 가장 큰 에너지다.

그린의 그림자 – 지나친 감정이입, 의심, 우울감

밤늦게까지 전화기를 붙잡고 있는 사람이 있다. 전화 한 번 붙잡으면 몇 시간이고 통화한다. 새벽까지도 울고 웃다 맞장구를 치며 수다를 떤다. 그린의 마음을 가진 서진 씨의 흔한 일상이다. 서진 씨는 주변 사람의 고민 상담소다. 잘 들어주고 공감하며 문제 해결을 잘해주기 때문일까! 매일 수많은 전화를 받고 밤낮으로 그들의 고민거리에 같이 흥분한다.

가끔 자기 일인 양 감정 분리를 못 하고 같이 헤매고 있는 서진 씨는 힘들다고 생각한다. 서진 씨는 객관적인 감정으로 판단이 흐려질 때면 다른 친구에게 전화해서 묻는다. 그린 마음은 공감을 너무 잘하다 보니 다른 사람 일에 지나치게 개입해서 일을 키우는 경향이 있다. 그럴 때마다 서진 씨는 자기 발등을 자기가 찍었다고 힘들어한다. 좋은 마음으로 도와줬지만, 생각과 달리 일이 커져서 원망을 듣기도 하기 때문이다. 이때 생기는 피해의식의 반복된 하소연을 친구에게 또 쏟아붓는다.

"왜 내가 도와주고 나만 힘들어하는 걸까. 왜 남의 일에 내가 이리 나서지?" 자신의 시간과 에너지를 쓰고 보상받지 못한 마음이 상처가 된다. 가슴 깊이 올라오는 답답함을 못 이기고 여전히 같은 레퍼토리로 중얼거린다. "내가 다시는 오지랖을 떨지 말아야지. 내가 얼마나 마음고생을 했는데…. 쓸데없는 일이야 앞으로 다신 안 그럴 거야 나 말려줘야 해." 그러나 마음이 착한 서진 씨는 또 다른 사람의 힘든 일로 친구에게 전화해서 하소연하는 일을 반복한다.

그린의 또 다른 그림자는 의심이다. 안전하고 위험한 것을 싫어하므로 돌다리도 두들기는 세심함이다. 저 사람이 나에게 피해를 주지 않을까, 저 사람과 가까이해서 나에게 불이익이 생기지 않을까, 친해져도 괜찮은 건지 쉽게 마음을 열지 않고 편안해지는 시기가 되어야지만 마음 문을 연다. 그린 사람은 네 편인지, 내 편인지가 상당히 중요하다.

안정과 평화라는 밝은 마음을 추구하다 보니 반대로 걱정과 두려움도 깃든다. 관계에 문제라도 생기면 잠을 못 자고 괴로워한다. 보기에 아무것도 아닌 일 같은데 몇 날, 며칠 그 일로 잠을 설친다. 지나치게 타인을 의식해 최악의 상황을 예측하고 불안과 우울에 빠지는 그린이다.

그린이 잔소리가 많고 걱정 근심이 많은 이유가 있다. 마음의 평정을 잃으면 가장 힘들고 괴로워서 사전에 막고 싶은 마음이 강해서다. 변화에 대한 긴장보다 안정을 원하므로 새로움에 대한 거부반응도 있다. 그러나 너무 안정만을 찾는다면 어떻게 될까? 우유부단하고 변화에 둔감하게 된다. 그린의 부모들이 어두운 마음에 머물 땐 아이들이 부모의 잔소리로 힘들어한다. 규칙을 어기는 것을 용납하지 않고 위험한 것을 허락하지 않는다. 아이들이 성인이 되어서도 끊임없는 잔소리와 참견으로 힘들게 할 수도 있다. 또는 우유부단함으로 게으름으로 아이들의 마음을 답답하게 만들기도 한다.

그린의 참는 사랑

그린 사람들은 상식을 중요하게 여긴다. 운명적인 사랑, 마술처럼 이루어진 사랑보다는 평범한 사랑을 지향한다. 보편적으로 이루어질 수 없는 사랑이나 위험한 사랑 같은 건 원하지 않는다. 두 사람의 관계도 중요하지만 두 사람으로 인한 주변인들의 관계도 상당히 중요하다. 그린은 가족이나 친구들이 반대하는 만남은 힘들어한다.

그래서 그린 사람들은 미팅이나 선을 볼 때 기준이 있다. 우리 가족들과 잘 어울리고 자기 친구들과도 잘 지낼 수 있는 사람이었으면 좋겠다는 바람을 가진다. 아기자기한 애정으로 상대방의 필요를 잘 챙겨줄 수 있는 사람이다. 이들의 사랑은 알콩달콩하고 평화스럽다. 열정적으로 타오르기보다 은근한 연애에 가깝다. 뜨겁지도 차갑지도 않고 서서히 달구어지는 사랑, 그래서 변치 않고 오랫동안 안정적으로 이어지는 사랑을 한다.

그린 마음은 상대방을 위해서 희생하고 참을 줄 안다. 그래서 가끔 사랑하면서 외로워지기도 한다. 모든 것을 주고도 기쁨은 잠깐이다. 가슴의 허전함은 무엇일까? 균형이 맞지 않으면 질투가 나고 피해의식이 생겨날 수 있으니 깊은 대화로 잘 이겨내야 한다.

유리 씨의 사랑 이야기를 제목으로 만든다면 '어쩌다 사랑'쯤 되겠다. 유리 씨에게는 늘 친구로서 이야기를 들어주고 술주정까지 다 받아주는 든든한 친구가 있었다. 이성이라고 한 번도 생각지 않았던 동네 친구다. 친구로서 치부가 될 수 있는 모든 이야기도 스스럼없이 나누던 사이였는데 이 친구가 갑자기 군대에 간다고 한다.

"네가 벌써 군대에 가네. 코 흘리던 꼬맹이였는데 많이 컸다. 근데 가끔 편의점 맥주는 누구랑 마시냐. 암튼 잘 갔다 와라. 건강하게." 담담하게 인사를 나누고 군대를 보낸 유리 씨는 친구가 사라진 후부터 견딜 수 없는 외로움을 느꼈다. 이성 친구를 만나고 연애도 해보았지만 자기의 변덕스러운 성격을 맞추는 남자가 없다는 것이다. "내가 그리도 예민하고 힘든 여자야? 내 친구는 다 받아줬는데!" 그 순간부터 유리씨는 동네 친구였던 남자에게 사랑의 감정을 느끼고 첫 휴가 때 고백했다.

그렇게 어쩌다 결혼까지 가게 된 유리 씨는 이렇게 하소연한다. "답답해 이 사람은 너무 참아서 탈이야. 그때그때 풀어야지 꼭 시간이 지나서 잔소리해, 재미없어, 차라리 바로 치고받고 싸웠으면 좋겠어." 그린의 편안한 마음으로 잘 참고 맞춰 주던 남자가 변한 것인가? 결혼 후 남자는 재미없는 사람으로 평가절하되었다. 남자가 변한 것일까, 여자의 마음이 변한 것일까?

그린에게 전하는 메시지

* 내가 받고 싶은 감정도 말로 표현하세요.
* 우유부단함을 조금만 버리세요.
* 객관적인 시각으로 바라보는 연습을 해볼까요?
* 타인의 눈치를 많이 보지 마세요.
* 쓸데없는 잔소리를 줄이세요.
* 상식을 벗어날 때도 필요하답니다. 아주 가끔말이죠.

블루,
진정한 소통이 필요해

블루의 빛- 신중, 성실함, 소통 능력

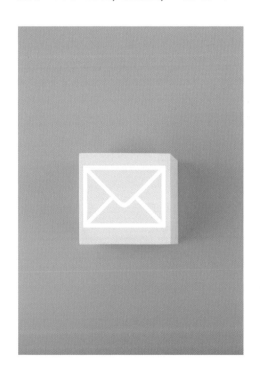

블루의 마음은 이성적이고 신중하다. 무슨 일이 생겼을 때 호들갑을 떨지 않고 차분히 문제를 해결하는 힘이 있다.

어느 신혼부부가 외국에서 비행기를 놓칠 뻔했다. 여자는 단념하고 포기했지만 블루 기질의 남자가 침착하게 문제를 해결했고 덕분에 비행기를 놓치지 않았다. 여자는 남편의 냉철하고 신중한 문제 해결 과정을 보며 더욱 신뢰하게 됐다고 자랑한다.

블루 사람은 약속을 잘 지킨다. 사람들에게 신뢰를 주기 위해 끊임없이 노력하는 스타일이다. 타인 중심형으로 인간성 좋다는 말을 듣는 것을 좋아한다. 사람들의 말을 잘 들어주고 공감할 줄 알며 객관적인 시각으로 자기 의견을 말하기도 한다. 트위터, 텔레그램, 페이스북 등 SNS 앱의 메인 색이 블루 컬러인만큼 블루는 소통의 에너지를 가지고 있다. 우리나라의 일류기업이나 은행의 로고도 블루 컬러가 많은 것은 책임감 있고 신뢰감을 주는 기업의 이미지로 느껴지게 하기 때문이다.

블루 마음은 의지가 강하며 성공 욕구가 높다. 감정 변화와 분노를 잘 참는 성향이어서 안정적이다. 자기 통제를 잘하므로 주변에서 느끼는 편안함과 안정감은 블루의 가장 큰 매력 중 하나다.

블루 에너지가 많은 기정 씨는 볼 때마다 한결같다. 늘 조용하게 자기 일을 책임지고 완수하는 힘이 있다. 고등학교 때 쓰던 안경에다 사소한 성형수술도 하지 않았다. 작은 눈에 어깨선까지 내리는 머리 모양은 20년이 지난 지금도 여전하다. 성격도 마찬가지인데 아는 사람들은 모두 그녀가 신뢰감이 있고 믿음직하다고 말한다. 화를 잘 내지도 않는다. 가끔 툴툴거리는 귀여운 몸짓일 뿐 욱하는 레드의 모습을 한 번도 본 적이 없다.

분노를 삭이며 늘 이성적으로 차갑게 말하는 것으로 화를 대신한다. 기정 씨는 오랫동안 꾸준히 교회 봉사도 이어왔다. 변치 않는 성실함은 그녀의 내면적인 강인함을 느끼게 하는 요인이다. 하늘과 바다처럼 늘 든든하게 그 자리를 지키고 있고 수용할 수 있는 블루의 에너지를 참 잘 쓰고 있다.

블루 사람이 부모가 되면 원리 원칙대로 아이들을 잘 키울 수 있다. 힘든 육아로 불쑥불쑥 화내기보다는 자녀의 목소리를 경청하며 소통하는 친구 같은 부모가 될 수 있다. 마음이 긍정적인 에너지로 가득 차 본인들이 존중받기를 원하는 것처럼 아이를 존중한다. 자녀를 친구처럼 동등하게 대하고 말에 대한 예의를 잘 지키는 부모다. 레드의 모성애가 희생적이라면 블루는 뒤에서 지켜주는 믿음의 모성애를 갖고 있다.

블루의 그림자 – 게으름, 냉담함, 우울함

블루 성격의 사람들은 답답하고 재미없게 느껴질 때가 있다. 변화를 두려워하고 재미를 우선하기보다는 실리를 중요하게 여긴다. 화를 내지 않고 이성적으로 대처하는 블루지만 존중받지 못함을 느낄 때는 불같이 화내며 차갑게 돌변한다. 이때 블루 마음의 냉정한 공격이 시작된다. 화가 나면 거리를 두고 말을 하지 않아서 답답하게 만든다. 블루의 그림자 중 으뜸은 게으름이다. 많은 사람이 집에만 오면 이 부정의 에너지가 강해진다. 텔레비전 리모컨을 친구삼아 소파와 한 몸이 된다.

주변의 부탁과 요구는 한 귀로 듣고 한 귀로 흘린다.

블루의 그림자가 많은 남편에게 불만을 가진 서현 씨는 답답하다고 한숨을 쉰다. 집에 오면 말도 잘 하지 않고 피곤하다며 움직이려고 하지 않는 사람과의 결혼을 후회한다. 나를 위한 여행이나 즐거운 시간을 가져본 적이 한번도 없다고 과장되게 쏟아놓는다.

블루 에너지가 많은 남편의 일상을 물었다. 회사에 지각한 적이 있는지, 평판은 어떤지, 약속은 잘 지키는지, 자신의 한 말은 꼭 지켜내려고 노력하는지 등등을 물었다. 서현 씨가 말하길 한 번도 지각한 적 없고 약속은 칼이며, 회사 사람들은 남편을 너무 좋아한단다. 무슨 일이 있어도 사람들과의 약속을 지켜 신뢰받는 것 같다고 추측하며 은근히 남편을 자랑하듯 이야기한다.

회사에서 열심히 일하고 꼼꼼한 성격에 실수하지 않으려는 긴장감이 집에서는 그림자로 작용하는 것은 아닐까? 밖에서 긍정 에너지를 다 쓰고 왔기 때문이다.

서현 씨는 한참 남편의 일상을 예상하며 이야기를 하다가 잠시 멈추더니 생각에 잠긴다. 남편이 그 정도로 회사 일을 열심히 하고 있다고 공감한다. 웃으며 일어나는 서현 씨는 남편에게 맛있는 것을 만들어 먹여야겠다며 화나는 마음을 애틋한 마음으로 전환했다.

블루의 어두운 마음 중 하나는 타인의 부탁을 거절하지 못해서 휘

둘릴 때가 많다는 것이다. 때로는 할 말을 못 해서 꾹꾹 참고 서서히 올라오는 분노에도 화를 잘 참는다. 너무 참아서 그 스트레스가 병으로 가지 않기 위해서 블루 사람들에게는 일기 쓰기를 권한다. 일기에 차마 입으로 담지 못하는 속상함이나 미운 사람 욕이라도 실컷 써놓으면 도움이 될 것이다.

블루의 성실한 사랑

블루 사람들의 연애 성향은 한결같다. 애인이나 배우자는 대부분 이 부분을 칭찬한다. 지적이고 이성적이고 기품 있는 연애를 즐긴다. 자기 페이스대로 천천히 사랑을 키워가는 블루는 한 번 마음을 정하면 꾸준하고 성실한 연애를 한다. 결혼 후에는 그것이 권태로움으로 이어지기도 한다. 연애 때는 보호자처럼 상대방을 아끼고 최대한 맞추려고 노력하기 때문에 이런 자상하고 따뜻한 면이 결혼을 결심하게 만든다.

그들은 추억 쌓기라는 말이 잘 어울리는 사랑을 한다. 하나씩 단계를 밟으며 진심 어린 대화를 통해 신뢰를 쌓아가는 블루는 먼저 고백을 하는 것이 어려울 수 있다. 상대에게 너무 맞추려고 해 의무를 다 하려는 것처럼 보일 때가 많다. 진지하게 대화하는 습관으로 농담을 받아치지 못하고 상처를 받기도 한다. 따라서 블루 사람들과의 연애는 재미있거나 이벤트적이라기보다는 신중하고 신뢰감 있는 성실한 연애라고 할 수 있다.

블루에게는 유머나 재미를 기대하지 않는 것이 좋다. 유머라면 듣고 나서 썰렁한 개그 정도가 될까. 그런 모습을 사랑해주는 사람이 바로 연인으로 발전할 가능성이 크다. 블루는 지켜봐 주는 사랑을 한다. 연인이 힘들어하는지 무엇을 필요로 하는지 조용하고 은근하게 챙겨준다. 내가 준 사랑을 표현하며 드러내고 자랑하지 않는다. 추운 겨울, 말없이 주머니에서 따뜻한 캔 커피를 꺼내주고 그냥 힘든 연인 옆에 말없이 같이 있어 주는 사랑이다. 그리고 다른 사람이 뭐라 하든 신뢰하며 그 마음을 변함없이 지켜내려고 한다.

블루에게 전하는 메시지

66

* 너무 참지 마세요. 타인보다 나를 먼저 생각하는 연습을 하세요.
* 과거에 집착하지 마세요. 지나간 것은 지나 간대로입니다.
* 완벽해지려고 애쓰지 마세요. 누구나 실수할 수 있어요.
* 충성을 다할 수 있는 멘토를 찾으세요. 더 발전할 수 있답니다.
* 타인의 고민만 들어주지 마세요. 내 고민도 말할 수 있는 사람을 만드세요.
* 원리 원칙에 나를 너무 묶어놓지 마세요. 때로는 자유로움도 필요합니다.

99

인디고,
너는 너, 나는 나

인디고의 빛 – 이해력, 직관력, 통찰력

좋아하는 동생이 있다. 명랑하며 자기관리도 잘한다. 동생이지만 언니 같은 듬직함과 남다른 카리스마가 있어 가까이하기엔 조금은 어려운 느낌을 주기도 한다. 실수하지 않으려고 최대한 예의를 지키는 사람이다. 얼마 전에는 "언니 내가 이래서 힘들었었어" 하며 그동안 겪었던 집안의 큰 일을 털어놓았다.

아무렇지 않게 행동하고 혼자 모든 것을 다 해결하고 나서야 그 말을 듣는 나는 왠지 뒤통수를 맞은 듯한 느낌이 들었다. 나라면 저렇게 태연하게 아무 일 없다는 듯이 견딜 수 있을까? 징징대며 도움을 청했을 텐데 말이다. 서운함을 떠나 대단하다는 생각이 들었다.

겉으로는 장난치고 소탈하고 잘 웃지만, 속이 꽉 찬 듯한 느낌은 무엇일까! 무시할 수 없는 내면의 깊이를 가진 동생은 인디고 마음의 대표적인 경우다. 인디고의 사람들은 머리가 우선 좋다. 좌뇌와 우뇌를 동시에 쓴다고도 하고 제3의 눈이라 불리는 혜안을 가졌다고도 한다. 그만큼 생각이 깊고, 전체를 파악하고 이해하는 힘이 크다. 그래서 인디고의 마음을 아주 깊고 푸른 바다로 비유한다. 그 깊이도 알 수 없고 그 속에 숨겨진 에너지도 알 수 없지만, 무엇인가 위엄을 느끼게 하는 카리스마가 있다.

그 넓고 깊은 마음은 일반 사람들이 생각할 수 없는 철학적인 사고를 담고 있다. 대하기 어렵지만 강인함이 느껴져 멋있어 보인다.

좋으면서도 싫은 감정을 어찌 설명해야 할지 모르지만, 동생의 인디고 마음은 때로 너무 답답하다. 빨리 결정했으면 하는데 지나치리만큼 신중해서 성격 급한 나는 동동거린다. 그러나 그들의 생각이 정리되어 전달되면 크게 감동한다. 생각지 못한 부분을 완벽하게 이해하고 정리해서 결론을 내주기 때문이다. 동생이지만 존중하지 않을 수 없고 그 믿음직한 모습에 감탄한다.

독서토론에 어떤 주제를 가지고 대화를 할 때도 역시 인디고는 책 한 권이 주는 의미를 단숨에 파악한다. 그리고 예리한 질문을 던져 진 땀 나게 하는 카리스마를 보인다.

사자의 사랑은 매우 엄격하다. 새끼를 높은 절벽에서 떨어뜨려 살 아남는 놈만 키운다고 한다. 우스갯소리로 인디고의 엄격한 사자가 새 끼를 떨어뜨리면 겁많은 핑크 새끼는 기절하고 만다. 오렌지 새끼를 떨 어뜨리면 삐져버리고, 레드 새끼는 어떻게든 올라와서 따진다. 터콰이 즈 새끼는 "어! 나 떨어져 있네" 하며 자기가 떨어졌는지도 모른다.

이렇게 컬러 마음에 따라 받아들이는 면이 다르다는 것이다. 그래서 인디고가 부모가 되면 자녀에게 엄격한 사랑을 표현하는 경우가 많다.

고3 아들을 둔 미경 씨의 통화 내용이다. "버스 놓쳤어? 그래! 어쩌 라고…. 엄마 지금 못가 네가 알아서 해." '본인이 알아서 해야지 이런 거로 전화하면 나보고 어쩌라고. 지금 갈 수도 없는데 택시를 타든, 버 스를 기다리든 해야지, 결석하든지 어쩌든지 자기가 결정해야지'라고 혼잣말로 툴툴거린다. 엄격한 인디고의 미경 씨가 고3 아들에게 불평 하는 말이다. 안타까워하는 핑크 엄마랑은 너무 다르다.

자기 사업을 하는 미경 씨는 공과 사의 구별이 뚜렷하다. 때로는 차갑게 느껴지기도 한다. 하지만 반대로 아이들을 구속하지도 않고, 잔소리도 하지 않는다. 자율적이며 아이들의 의견을 존중하는 쿨한 부 모이기도 하다.

인디고 사람들은 말수가 적지만 객관적이고 논리적인 말투를 가지고 있다. 때로 그 말투는 주변 사람들을 위축시킨다. 그러나 어떤 면에서는 내면의 깊음이 느껴지는 사람, 무게가 있는 사람, 그리고 신뢰가 가는 사람이라고 평가받는다.

인디고의 그림자 - 권위 의식, 완벽주의, 냉정함

말 없고 신중한 카리스마의 인디고 남자에게 반해서 결혼했는데 그 때문에 늘 싸운다는 경민 씨의 이야기다.

백화점을 다녀온 경민 씨가 툴툴거린다. "여보, 오늘 백화점에 갔다가 예전에 나를 괴롭히던 친구를 만났는데 그 친구랑 옛날 얘기하다가 또 싸웠지 뭐예요"라며 경민 씨는 있었던 일을 자세히 설명하기 시작했고 혼자 씩씩대기도 하며 이러쿵저러쿵 30분 동안 떠들었다. 자기 이야기에 공감해달라는 아련한 눈빛을 보내는 아내에게 인디고 남편은 한마디를 툭 던진다.

"당신이 40% 잘못한 듯하고 그 친구가 60% 잘못한 듯하네." 아내는 황당했다. 내 편을 들어주었으면 하는 마음뿐이었는데, 더는 대화하고 싶지 않았다. 인디고 사람들은 속마음을 보이지 않는다. 그래서 무슨 생각을 하는지 알지 못해 답답하다. 스스로 생각하고 결론을 내야 한다. 완벽성 때문에 무언가 시작하는 데 시간이 오래 걸린다. 생각하고 결정하고 실천하는 데 걸리는 시간은 다른 사람의 두 배 이상이

될 것이다

자신이 인디고 마음이라고 말씀하시는 한 선생님을 교육장소에서 만났다. 정말 보기에도 카리스마 있고 완고한 이미지이며 무척 똑똑해 보였다. 같은 조 발표라서 공동 작업을 하게 되었다. 파워포인트를 이용한 발표자료를 만들기 위해 상의했다. 정말 꼼꼼하고 섬세한 준비 과정을 지켜보며 나는 고개를 절레절레 흔들었다.

색감 하나하나에 신경 쓰는 모습, 내가 보기에는 비슷비슷한데 본인이 원하는 색상이 나올 때까지 고치고 또 고친다. 내 마음속 말. "언제까지 고치고 언제 완성해요? 답답해!"

가장 늦게 제출한 선생님의 발표는 역시 정교하고 세련되었다. 특히 남다른 색감의 발표자료가 고급스러웠다. 다른 팀은 자료보다 발표가 중요하다고 생각해서 말로써 설명했다. 선생님은 눈에 띄는 세련된 디자인으로 딱 떨어지는 명료한 발표를 하셨다. 교수님은 칭찬하셨지만 스스로는 아직도 부족하다며 만족하지 않는다.

인디고의 마음은 자기 자신에게 엄격하다. 자신을 채찍질하며 완벽하지 않음에 힘들어한다. 이 엄격함이 언어로도 구사될 때가 많아서 때론 가까이하기엔 너무나 먼 당신처럼 여겨질 때도 있다.

인디고의 믿음직한 사랑

말의 꾸밈이 없는 정직한 사람이다. 듣기 좋은 말이나 빈말을 잘 못 한다. 인디고 사람의 연애와 사랑은 정직 그 자체다. 통찰력과 직관 력으로 상대가 원하고 기뻐하는 것을 빨리 이해하고 담백한 감동을 선 사한다. '일편단심 민들레'라는 말이 잘 어울리는 사람이다. 인디고는 자존감이 높고 논리적이므로 합리적인 대화를 나눌 수 있는 상대를 좋 아한다.

권위적이지만 의리가 강하고 함부로 말하지 않는 신중함이 있다. 연애 때는 어른스럽고 의젓한 모습에 반한다. 평생 의지할 수 있고 믿 을 수 있는 사람이라는 인상을 심어주기 때문이다.

인디고의 진영 씨는 웬만해서는 화를 내지 않는다. 연애 때도 애인 에게 맞춰 주려고 노력했다. 처음 소개받아 결혼한 진영 씨는 결혼 후 에 마음고생을 많이 했다. 진영 씨는 사랑에 쉽게 빠지는 스타일이 아 니었다. 좋아지기 전에 그 사람의 모든 조건을 냉정히 파악했다. 그런 데도 결혼 후에 체크하지 못한 것에 대해 속상했다.

여러 번의 큰 싸움을 거치며 서로의 성격을 이해하게 되었다. 현실 적이고 논리적인 진영 씨는 여전히 조용한 카리스마로 가정의 대소사 를 책임지고 이끈다. 그래서 남편은 애교 없는 진영 씨가 불만이기도 하지만 한편으로는 무척 의지하고 자랑스럽게 여기는 이중적인 마음도 가지고 있다.

정해진 패턴대로의 사랑과 연애를 하는 인디고 사람은 서로에게 불만이 있어도 참는 경우가 많다. 그들은 힘들다고 말하지 않는다. 하지만 한 번 감정 폭발을 일으키면 무섭다. 인내심과 끈기가 강하고 처한 상황에 냉철하게 대응하는 모습 때문에 이들의 연애와 싸움은 너무 냉랭하다.

또 화가 나면 아주 오래갈 수 있다는 것도 단점이다. 그런데도 한 번 결정한 사랑에 대해서는 적극적이며 직선적이다. 그 모습이 로맨틱으로 다가온다면 오래도록 좋은 사랑을 유지할 것이다.

인디고에게 전하는 메시지

"

* 표현하지 않는 사랑은 사랑이 아닙니다. 속마음을 조금만 더 보여주세요.
* 힘들면 힘들다고 말해도 돼요. 너무 참지 마세요.
* 완벽한 사람은 없습니다. 자신을 수시로 칭찬해주세요.
* 혼자 너무 고민하지 마세요. 주변 사람에게 도움을 청해보세요
* 일에 너무 치이지 마세요. 소소하지만 확실한 행복을 즐겨보세요
* 내 생각만을 고집하지 마세요. 유연한 사고가 필요합니다.

"

○○○○○○ **07** ○○●○○○

퍼플,
알 수 없는 마음

퍼플의 빛 – 상상력, 직관력, 포용

퍼플은 신비로운 색이다. 빛에 따라 블루에 가깝거나 레드에 가까
워 보이는 퍼플을 사람들은 여러 가지 시선으로 바라보고 많은 이야기

를 한다. 그래서 퍼플의 마음은 변화무쌍하고 다채로운가 보다. 평상시에는 한없이 조용하고 차분하다. 반면 좋아하는 목표가 생기면 반전 매력이 나온다. 누구보다 당당하고 외향적이다.

저런 사람이었나? 의외라는 생각이 들 정도다. 연극무대의 화려한 조명이 서서히 꺼지고 다른 장면이 나오는 느낌과 같다. 냉정과 열정 사이를 왔다 갔다 한다. 빛과 그림자의 양면성이 두드러지는 컬러다.

퍼플은 자기만의 카리스마가 있다. 그 카리스마는 읽히지 않는 신비로움이다. 어딘지 모르는 도도함과 거만한 모습이 녹아있다. 수다스럽지 않은 말투는 진중함이 있다. 남들과 다른 관점으로 보는 관찰력은 예술적인 감각을 드러낸다.

특별히 유머러스하지 않지만 왠지 모를 독특함이 있다. 남다른 관점으로 시각을 달리하는 사고가 신선하다. 자유롭고 창조적인 퍼플 사람들은 넓은 호기심을 불러일으킨다. 참으로 매력적인 사람들이다.

퍼플은 다양한 생각을 수용할 수 있는 포용력이 있다. 사랑에도 종류가 있듯이 퍼플의 사랑은 매우 범위가 크다. 즉 나와 내 가족 우선주의 사랑도 중요하지만, 인류애의 사랑처럼 좀 더 넓은 사랑을 품을 수 있다. 목사님과 수녀님, 스님 등과 같은 영적 지도자들은 이런 퍼플의 에너지가 많다.

자존심이 강하고 누군가가 자기를 존중해줄 때 그를 위해 최선을 다한다. 자신만의 규칙으로 타인이 움직여 주기를 기대하므로 대인 관계는 그리 넓지 않을 수 있다.

퍼플은 주변의 관계에 따라 영향력을 크게 받는다. 상황마다 블루 에너지를 쓸 수 있고 레드 에너지를 쓸 수 있어서일까? 목표가 생기면 멘토를 뛰어넘을 만큼 성장할 수 있는 잠재력의 소유자다. 그래서 퍼플은 만나는 사람이 중요하다.

대기업의 임원인 지웅 씨도 퍼플의 마음이 그를 더 빨리 승진하게 하고 성공할 수 있게 했다고 한다. 자유로움과 열정, 독특한 아이디어, 여러 환경에 빨리 적응하는 힘은 멘토를 능가하는 열정으로 나타났기 때문이다.

퍼플의 독특함을 가지고 있는 친구는 재미없는 삶을 너무나도 싫어한다. "여권 가지고 나올래? 너무 답답하지 않니? 비행기 드라이브라도 하고 올까?" 계획적이고 현실적인 나는 뜬금없는 소리에 그냥 어이없는 웃음으로만 답을 했다. 친구는 진짜로 혼자 1박2일로 일본을 다녀왔다. 아무 준비 없이 그냥 무작정 말이다.

"비행기 타고 잠깐 나갔다오니 살 거 같아. 그냥 일본 가서 밥 먹고 돌아다니다 왔어." 늘 자신을 자유로운 영혼이라고 말한다. 농담으로 들었던 말도 실천한다. 여권 하나만 들고 가까운 일본에 갔다 오는 것만으로도 스트레스가 풀린다고 한다. 각자의 기질이 다르다는 것은 평소 알고 있지만 늘 계획적인 나와 낙천적인 친구는 달라도 너무 달랐다.

퍼플의 마음은 자유롭고 틀에 박히지 않는다. 예술적 감각도 뛰어나고 어디로 튈지 모르는 독특함이 매력적이다. 늘 안정 지향적이고 목표 의식에 사로잡힌 나는 때론 그가 부럽다. 친구의 엉뚱한 그 자유로움이 버겁기는 하지만 언젠가는 퍼플의 에너지를 사용하고 싶다.

퍼플 에너지를 가지고 있는 부모는 아이들을 잘 포용하고 헌신적인 경우가 많다. 아이들과 상상의 나래를 펼칠 수 있다. 이성과 지성 감성의 모든 부분을 가지고 있는 퍼플 부모는 감각적이며 예술가적인 기질로 아이의 마음속 이야기를 다 수용해주는 힘이 있다.

퍼플의 그림자 - 우울감, 신경과민, 이기적

퍼플의 그림자는 감정의 기복이 심하다. 아침에 밝은 햇빛이 좋다가도 무언가 마음에 안 들어 버리면 갑자기 기분이 나빠지는 종잡을 수 없는 감정 변화가 있다. 본인이 표현하지 않고서는 무엇이 그렇게 만들었는지 타인들은 잘 모른다. 생각이 많은 퍼플은 자신의 감정 변화가 버겁다고 느끼기도 한다.

퍼플 마음은 하고 싶은 일이 생기면 생기가 돈다. 그러나 갑자기 어느 순간 무기력과 게으름을 마주한다. 관심 있는 무엇이 생기기 전까진 나무늘보처럼 늘어져 있다. 작은 것에도 감정의 요동침을 경험한다. 하지만 요동치는 감정을 말로 표현하지 않는다. 화가 나면 잠시 침

묵을 하거나 입을 닫는다. 어느 정도 정리가 되면 그때 이야기해주는 것만도 고맙다. 스스로 해결하고 말을 안 할 때가 많기 때문이다.

퍼플은 다른 컬러보다 쉽게 우울함을 느낀다. 보석에 작은 흠이 생기면 빛을 잃어버리듯이 우울함이 찾아들면 자신의 보석 같은 모습을 하찮게 여긴다. "나는 왜 이 모양일까. 쓰레기 같아", "내가 그렇지 뭐, 늘 그렇지" 하며 어두운 밑바닥으로 자신을 몰아간다.

퍼플 사람들은 예고도 없이 우울함을 느낄 때가 많다. 날씨의 변화 또는 사연 있는 노래가 갑자기 감정을 센치하게 한다. 우울한 감정을 잘 표현하지 않는다. 그래서 이런 감정을 말로 표현하지 못해 퍼플은 예술로써 승화시킨다고 한다. 화가는 그림으로, 음악가는 선율로, 다양한 예술적인 표현으로 승화시킴으로 마음으로만 느낄 수 있는 벅찬 감정의 요동침을 전하는 것인지 모르겠다.

섬세하고 예민해서일까? 목표나 일이 생기면 완벽주의의 성향을 보이기도 한다. 손재주 있는 퍼플 친구에게 그가 만든 소품을 칭찬하면 손사래를 친다. 내게 보이지도 않는 사소한 부분이 너무 맘에 안 든다며 다시 만들어야겠다고 투덜거린다. 미세한 부분까지도 완벽을 추구하는 모습에 깜짝 놀란다.

퍼플 마음이 이상을 추구하는 면이 클 때는 현실적인 부분을 경시하는 경향이 있다. "4차 산업혁명 시대에 어찌 될 줄 알고…. 공부 잘하면 뭐 해…", "난 천국에 갈 텐데 이생에서 아웅다웅할 필요 있나?" 이상을 추구하는 퍼플은 자기 생각과 다른 것을 경시하기 쉽고 자신만

옳다는 태도를 보이기 쉽다.

퍼플 에너지가 많은 부모는 일반적인 사람들이 이해하기 어려운 부모 유형일 수 있다. 너무 이상적인 교육관을 가지고 있다 보니 현실 경험형 아이라면 부모의 변화무쌍한 감정에 당혹스러울 때가 있다.

퍼플의 신비로운 사랑

퍼플의 연애와 사랑은 상식에 얽매이지 않은 감각적이고 직관적이다. 데이트 장소도 특별했으면 좋겠고, 카페도 특이한 인테리어를 원하는 등 주변 환경에 예민하다. 연애 이야기를 엮어 기억하기 좋아하는 퍼플 마음은 여행에서도 남다른 포인트에 감동한다.

그들의 연애 스타일은 소극적이다. 우아하고 신비로운 자신만의 매력으로 사람을 끌어당기는 힘이 있다. 수용적이고 포용성이 큰 퍼플은 상대에 따라 변화한다. 상대와 어울리는 방식으로 맞춰 주는 유연한 사랑을 한다. 빛나고 눈에 띄는 사람을 좋아하며 자존감이 강한 상대를 선호한다. 자유를 좋아하기 때문에 구속하거나 집착하지 않는 넉넉한 사람이 좋다. 상대가 믿어주는 것을 사랑이라 생각한다. 잔소리를 하지 않는다면 자신의 규칙을 정해 상대를 실망시키지 않으려고 최선을 다한다.

선화 씨는 컬러 공부를 하면서 남편에 대해 속상함을 토로했다. 구속을 싫어하는 퍼플 마음의 남편은 자신의 말을 잔소리로만 알아듣는다. 아내가 자신의 시간과 일정을 확인하고 잔소리할수록 말을 하지 않는다. 한 귀로 듣고 한 귀로 흘려버린다. 여러 번 부탁하고 화를 내도 남편은 성의 없는 말투로 미안하다고 얼버무리고 점점 더 냉랭해졌다.

퍼플의 마음을 공부하고 이해한 선화 씨는 남편의 마음 컬러를 인정하고 그에 따른 방식으로 대응하기로 했다. 선화 씨는 우선 잔소리를 멈추었다. 매일 확인하던 남편의 일정도 묻지 않았다. 이상하게 여긴 퍼플 남편은 그 후 스스로가 아내에게 보고하기 시작했다.

"오늘 신입사원 환영회라 술 마시고 가. 11시쯤 들어갈게." "알았어요. 조심 들어와요"라고 서로 대화하게 됐다. 자기에게 잔소리를 멈추고 믿어주는 아내가 고마워서 자기의 규칙을 스스로 만들어 알리기 시작한 것이다.

퍼플은 자기를 믿어주고 자유를 주는 것을 제일 고마워한다. 그리고 자신의 변화무쌍한 감정을 잘 들어주고 이해해주며 웃어주는 사람을 좋아한다. 퍼플은 자신의 흩어진 감정들을 정리해서 말하기 어려워한다. 그래서 그런지 말 많은 사람도 좋아하지 않는다.

묘한 매력의 퍼플은 섬세한 완벽주의 성향을 가지고 있다. 상대방을 감동시키는 능력도 있다. 신비로운 퍼플은 사랑하는 사람을 위해 자신을 희생하기도 한다. 희생과 봉사의 아름다움을 가지고 있어서 때로는 숭고한 마음을 갖는다. 이 희생정신이 피해의식이 되지 않도록 해야 한다. 자신을 먼저 사랑하고 타인을 사랑할 때 건강한 관계를 맺을 수 있다.

퍼플에게 전하는 메시지

"

* 생각하는 것을 구체적으로 실행해보세요.
* 자신의 마음을 말로 표현할 수 있도록 노력해보세요.
* 의사소통을 귀찮아하지 마세요.
* 내 생각을 남에게 강요하지 마세요.
* 마음도 중요하지만 보이는 것들도 중요한 것이 있어요.
* 정확한 목표를 정해서 노력하세요.
* 내 주변에 좋은 멘토를 찾는다면 더욱 성장할 수 있어요.

"

○○○○○○ **08** ○●○○○○

마젠타,
슈퍼우먼은 피곤해

마젠타의 빛 - 자신감, 포용력, 감사함

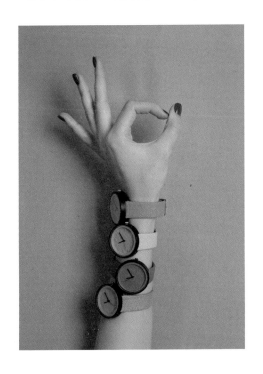

컬러 테라피에서 마젠타라고 부르는 컬러는 엄마의 향기가 느껴진다. 엄마라는 이름은 참으로 묘한 느낌을 준다. 따뜻하고 여린 거 같은데 강하고 능력이 있다. 많은 역할을 알아서 척척 해내는 슈퍼우먼 같다. 아내로서, 엄마로서, 며느리로서, 자식으로서, 사회생활의 역할로서 그 많은 일을 해낸다.

외국에서 가장 아름다운 언어로 '엄마(Mother)'라는 단어가 뽑혔다. 사랑이라는 단어보다 더 아름답게 느끼는 이유는 무엇일까? 아마도 엄마의 모성애 같은 희생정신의 숭고함이 묻어나기 때문일 것이다.

마젠타의 마음은 자신의 역할을 잘하고자 최선을 다해 노력하는 에너지다. 자신감이 넘치며 긍정적이다. 자신감도 너무 넘치면 '근자감' 이라고 하던가!

근자감이 넘치는 마젠타 에너지를 쓰는 인성 씨가 자기 일이 아주 잘 될 거라 호언장담하길래 물어보았다. "가능성이 몇 프로나 되나요?" 인성 씨는 조금의 망설임도 없이 진지하게 내 눈을 보고 말했다. "음, 한 20%?" 그것은 내게 가능성의 수치가 아니었다. 오히려 나는 안 될 확률이 높다고 생각하는 수치다. 그러나 인성 씨는 이렇게 말했다. "20%의 가능성은 아주 커요. 나는 안 된다고 생각하면서 살지 않아요. 무조건 될 거라고 확신해요. 확률이 어느 정도든 최선을 다하며 노력할 거예요."

역시 마젠타 에너지가 많은 사람이었다. 긍정 마음으로 늘 노력하는 인성 씨의 말 그대로 일은 잘 진행되고 있다. 문득 그의 넘치는 자신감이 부럽다. 마젠타 마음은 수용을 잘하고 따뜻하다. 그래서 많은 사람이 상담이나 대화를 요청하기도 한다. 위로받기를 원하고 의지를 많이 하는 컬러이기 때문이다.

사랑이 많은 마젠타는 사람들을 따뜻하게 대하고 보살필 수 있다. 그러나 자신의 한계를 넘어서게 되면 거절할 수 있는 능력이 있다. 핑크나 그린 유형의 사람들은 거절하지 못함으로 인해 큰 손해를 보기도 하지만 마젠타는 다르다. 부드러운 카리스마로 할 수 없는 것을 거절할 수 있는 당당함이 있다.

마젠타의 남편이 자상하게 잘 챙겨주는 언니가 있었다. 여자들끼리 커피를 마시면서 대화하는 동안 남편의 메시지를 읽은 언니는 한숨을 쉬었다. "남편은 문자를 자주 보내요. 점심 먹었는지 무엇을 하고 있는지 영양제는 먹었는지…" "부럽다. 그런 고민도 하고 얼마나 자상하고 좋아요, 한숨이 나오나 탄성이 나와야지!" 다른 언니가 볼멘소리로 말을 하니 한숨 쉰 이유를 설명했다. "물론 그래서 결혼 했지만요. 그것이 이젠 오히려 꼼짝 못 하게 하는 답답함으로 느껴져요. 저는 터콰이즈 성향이 많아서 자유롭게 살고 싶은데 늘 확인하고 챙기고. 이런 게 너무 구속같이 느껴져요." 그래서 사랑은 받는 사람의 몫인가 보다.

언니는 많은 사람의 눈빛이 부담되어서인지 더 이상의 자랑 같은 투덜거림은 하지 않았다. 이렇듯 마젠타의 사람들은 자상하고 섬세한 면으로 상대방을 챙기고 책임을 다하는 성실한 면이 있다. 이들의 수용력과 보살핌은 많은 사람이 주변에 모이게 한다.

마젠타는 자녀를 대할 때 헌신적이다. 엄마의 향기처럼 아이를 위해서 최선을 다한다. 스스로가 생각하는 부모상이 중요한 사람이다.

자신이 생각하는 부모라는 이름을 위해 노력한다. 자신의 모든 역할을 등한시하지 않고도 아이를 위해 헌신할 수 있다. 감사함과 긍정성으로 아이에게 자신감을 불러일으킨다. 긍정적인 에너지가 사용된다면 아이들에게 슈퍼우먼과 같은 존재로서 존경받을 것이다. 무엇이든 잘하는 부모, 믿음직한 부모, 의지하고 기댈 수 있는 좋은 부모가 된다. 물론 아이들의 기질에 따라서 동상이몽이 될 수도 있겠지만 말이다.

마젠타의 그림자 - 독점욕, 희생적, 자만심

무엇이든 균형을 맞추면 얼마나 좋을까? 하지만 그건 참 어렵다. 마젠타의 그림자 마음은 세심함이 지나치게 많아 나타나는 현상이다. 예쁘고 젊은 유치원 선생님이 연애 실패담을 들려주었다. 마젠타 마음으로 남자 친구가 생기면 섬세하고 자상하게 잘 챙겨준다고 한다.

남자 친구는 처음엔 대부분 감동하고 아주 좋아하지만 곧 짜증을 낸다고 한다. 무슨 짜증일까? 궁금한 눈빛으로 그녀의 입을 보았다. 남자 친구는 처음에 엄마 같은 느낌, 세심한 관심을 좋아했다. 하지만 시간이 지날수록 사랑의 달콤함은 답답함과 집착으로 느끼며 불만을 토로한다는 것이다.

"붉은색 넥타이 안 어울리니까 내가 사준 파란색 넥타이를 매", "친구들과 또 술 마시는 거야? 너무 술 많이 마시지 마, 들어갈 때 꼭 전화해! 술 마시고 운전하면 절대 안 돼." 사귀기 시작하면 얼마 안 되어서 애인이 아닌 엄마가 되어 있는 자신을 본다. 고치려고 노력도 해봤지만 안 된다고 한다. 남자 친구가 내 뜻대로 움직여야 마음이 편한 이 선생님은 피해의식이 생겼다.

"내가 자기에게 얼마나 잘했는데 그러는 거지? 그만큼 챙겨주고 마음 썼는데 나한테 어쩜 이럴 수 있는 거야? 내가 뭘 잘못한 거지?"

애인으로서 자신만이 할 수 있는 역할에 지나치게 충실한 결과다. 자신도 모르게 선을 넘어 챙기게 된다. 나만이 할 수 있는 역할에 충실하다 보니 때로 희생의 모습이 나타난다. 그러나 자기희생이 강해지면 상대에 대한 분노와 피해의식으로 자기 한탄을 시작한다.

마젠타의 에너지를 많이 쓰는 엄마들은 입시 때마다 불안한 마음을 더 크게 겪는 듯하다. 어릴 때의 아이들은 엄마가 생각한 틀 안에 넣을 수 있다. 엄마가 그린 계획대로 아이를 키울 수 있었다. 그러나 계획한 대로 결과물이 나오지 않을 때는 자기 탓인 양 힘들어한다. 마음을 내려놓는다는 것, 내 맘대로 안될 수 있다는 것을 인정하기 어렵다. 그래서 더 심하게 우울증이 생기기도 한다.

마젠타의 따뜻한 사랑

마젠타의 사랑은 엄마와 같은 사랑이다. 희생적이고 포근하고 자상하게 상대방을 지켜주는 모습이다. 마젠타 사람은 연애 때 의지되는 사랑을 한다. 엄마처럼, 아빠처럼 챙길 수 있는 스타일이기 때문이다.

서연 씨는 애인과 헤어져 힘들어하고 있을 때 마젠타 에너지가 많은 사람이 다가왔다. 그의 자상함과 세심함에 사랑의 상처는 잊을 수 있었다. 그래서 다시 연애를 시작하고 사랑하게 되었지만, 시간이 지날수록 왠지 모르게 힘들어졌다.

그런데 마젠타의 사랑은 잠시도 혼자 있거나 다른 사람들과의 시간을 허락지 않는다. 늘 함께하고 싶어 하고, 작은 거 하나까지도 알고 싶어 하는 그가 부담스러워졌다. 마음이 힘들 때는 기대고 싶지만 건강해진 후는 자신의 기질대로 살고 싶은 것이다. 혼자 있는 것을 좋아하는 터콰이즈나 퍼플 사람들은 지나친 자상함을 힘들어 할 수 있다.

마젠타 사람들은 주변 사람들과 온화하고 한결같은 인간관계를 잘 맺는다. 쓸데없는 것에 돈 쓰는 것을 싫어하고 데이트를 할 때도 허세를 부리지 않는다.

'몸 따로 마음 따로'라는 말이 있다. 우리 마음에는 서로 다른 생각들이 혼란스러울 때가 있다. 마젠타는 자신이 슈퍼맨처럼 무엇이든 잘할 수 있고 노력하는 사람이라고 생각한다. 그래서 능력 있는 사람을 좋아하지만, 연애할 때는 정작 본인이 도와줄 수 있는 사람을 선택하는 경우가 많다. 자신이 보살펴줄 수 있는 사람으로 자신의 고마움을 표현하는 사람을 사랑한다.

마젠타 마음은 사랑을 시작하면 우정에 금이 가는 경우가 많다.

연애에 빠지면 친구들에게 무관심해진다. 그렇게 빠져버리면 내 맘대로 연애가 안 되는 것에 화가 난다. 자신이 계획한 코스대로 움직여지지 않는 상황이 되면 신경질적인 사람이 된다. 친해지면 이기적인 면이 드러날 수 있다. 내가 느끼는 대로 내 감정이 나아가는 대로 상대방도 그럴 거라 스스로 결론을 내고 그렇게 되도록 분위기를 이끈다.

때로는 집착인지 사랑인지 구별이 되지 않을 정도로 질투가 심하다. 자신이 생각하는 대로 상대방이 따라올 수 있도록 노력한다. 더 잘해주거나 화를 내거나 어떤 방법을 써서라도 자신의 큰 계획대로 움직이게 한다. 마치 우리가 부모님의 사랑이 너무 따뜻하지만 때로는 그 보호를 떠나고 싶은 느낌과 비슷하다.

마젠타의 사람과 사랑하게 되면 어느새 의지하는 모습을 발견할 수 있다. 마젠타는 의지하고 싶을 정도로 든든하고 책임감 있는 사랑을 한다. 가끔 그 진한 사랑이 참나무와 삼나무처럼 어느 정도의 거리를 둔다면 참 좋을 것 같다. 서로의 다른 기질을 인정하면서 서로를 지켜봐 주고 함께 하는 사랑이 된다면 금상첨화일 것이다.

"

* 너무 지나친 노력은 하지 마세요.
* 지나친 개입은 침해가 될 수도 있어요.
* 상대의 생각을 존중해주세요.
* 때로는 누군가에게 의지해보세요.
* 사람마다 다르게 생각할 수 있음을 인정해주세요.
* 내가 다 하려고 하지 마세요.
* 늘 감사하는 마음이 행운의 열쇠입니다.

"

블루그린,
익숙한 것이 좋아

블루그린의 빛 – 균형, 인내심, 지혜

열 번 찍어 안 넘어가는 나무 없다. 뜬금없이 이게 무슨 말인가? 블루그린 사람들은 변화를 좋아하지 않는다. 지구가 늘 그 자리에서 움직이듯이 자신이 경험한 것을 지속시킨다. 그래서 새로운 것을 받아들이는 데 있어 많은 생각을 한다. 블루그린 사람들은 자신이 잘하는 것을 빨리 발견하는 것이 좋다. 그것을 성실하게 변함없이 꾸준하게 지속시키는 사람이다. 그리고 결국은 그 분야에 최고가 될 수 있는 경험과 지혜를 쌓는다.

블루그린 사람은 삶의 로망이 있다. 몸과 마음의 균형이 절대적으로 필요한 사람이며, 아무리 바쁘고 급한 일이 있어도 무리하지 않는다. 레드 사람이 주말에도 일하고 쉬는 시간 없이 목표만을 향해 달려 나간다면, 블루그린은 힘들게 일하려 하지 않는다. 할 수 있는 만큼 하고 힘든 것은 내려놓을 줄 안다. 이들에게 새로운 것을 권유할 때는 생각할 시간을 주는 것이 현명하다.

한 아내가 남편에 대해 불평했다. "우리 남편은 왜 바로바로 대답하지 않을까요. '음…' 하며 시간을 끌고 한참 있어야 대답해요. 성격 급한 저는 정말 미치겠어요. '좋다, 아니다'를 빨리 말해야 결정을 하는데 말이에요", "혹시 저를 무시하는 것은 아니겠죠. 내 말에 왜 그리 반응이 없을까요?"

오렌지 마음의 아내는 블루그린 마음의 남편이 답답하기만 하다. 하지만 그건 무시가 아니다. 무엇인가 입력이 되면 스스로 이해될 때까지 머릿속에 저장되어 입으로 나오기까지 시간이 걸리는 것일 뿐이다. 내가 살아온 경험 속에서 어떻게 할 것인가! 평화가 깨지지 않기 위해서는 어찌해야 하는가 등의 생각이 많아서 바로 대답할 수가 없다.

조잘조잘 자기 생각을 잘 표현하는 오렌지 아내는 한참 불평을 한후 곧 남편의 신중함과 성실성을 칭찬한다. "생각이 많아서 그런지 실수가 별로 없어요. 늘 신중하게 대소사를 결정하기 때문에 남편 말 듣는 게 나아요. 듬직하긴 하죠."

달리기 선수에 비유한다면 인내심이 강한 블루그린 사람들은 장거리 선수라고 할 수 있다. 한 직장에서 성실하고 꾸준하게 자기의 할 일을 척척 해낼 때까지의 경험을 소중히 여긴다. 자신만의 시간을 나누고 쓸 줄 아는 사람이기 때문에 다른 사람들의 페이스에 맞추는 것이 어려울 수 있다.

블루그린 마음은 자기 성찰을 잘한다. 늘 객관적으로 자기를 돌아보고 자신을 반성한다. 만약 블루그린 사람들과 다투게 된다면 잠깐 생각할 시간을 주면 좋다.

태연 씨는 항상 남편과 싸우면 자기가 이긴다고 자랑하듯이 말한다. 남편이 늘 먼저 사과를 한다는 것이다. 그는 아내랑 싸우게 되면 잠시 나가서 담배를 한 대 피우고 온다. 아마 그 시간에 생각 정리를 하고 있었을 것이다. 져주는 것이 평화를 위해 좋다고 결론을 내리고 집에 와서 사과했으리라. 그래서 태연 씨는 우스갯소리로 남편이 담배 피우러 나가는 것을 봐준다는 것이다.

블루그린의 부모들은 아이들을 기다릴 수 있다. 자신의 경험을 되돌아보며 삶의 지혜를 나눈다. 아이에 대한 교육 목표를 과하지 않게 세운다. 자녀들이 자신이 할 수 있는 만큼 균형을 잡을 수 있도록 돕는다. 생각할 수 있게 제안하고, 결정할 수 있도록 기다릴 수 있는 부모다.

블루그린의 그림자 – 우유부단, 게으름. 고집

블루그린의 마음은 자신을 스스로 많이 사랑한다. 내 몸의 균형을 위해 최종적으로 나를 중심으로 결정하고 선택한다. 열심히 노력하고 경험된 실력을 바탕으로 꾸준히 노력하는 스타일이어서 적성에 맞는 분야라면 성공할 확률이 높다. 몸이 힘들면 조절할 수 있고 희생적인 마음보다 합리적인 마음을 선호하며 객관적인 판단을 한다. 나의 이익과 발전에 도움이 없다면 무시할 수도 있다.

이들은 결정한 일에 몰두해 앞만 보고 달려간다. 그러다 보니 새로운 도전이 힘들고 겁난다. 30년 가까이한 유치원에서 근무하는 친구도 여러 제안을 받았지만, 자신이 가지고 있는 틀에서 고집스럽게도 변하지 않는다. 다른 여러 경험을 했다면 친구의 인생은 어찌 변했을까?

융통성 없는 블루그린은 가끔 동료와 부딪히기도 한다. 자신의 경험과 지혜에 의존하기 때문에 변화와 도전의 소리는 무시한다. 자신의 의견을 고집함으로 타인을 답답하게 할 수 있다.이들에게 필요한 것은 다른 사람과의 의견에 귀를 기울이는 유연성이다. 규칙이나 규율을 중시해서 법 없이도 살 수 있는 사람이란 신뢰도 있지만 가끔은 답답하다. 그러나 정작 본인의 마음은 어떨까? 정직하게 그대로 수행하는 블루그린 직원은 종종 지시 내용을 바꾸는 상사 때문에 답답해 미칠 것 같다고 한다. 한번 결정하면 그대로 가야 하는데 상황에 따라 수시로 변하는 것이 용납되지 않기 때문이다. 속으로 상사에 대한 불평이 차오른다. "무슨 변덕이 저리도 죽이 끓는지. 어휴."

블루그린이 지구인이라면 마음의 변화가 많은 퍼플 사람은 우주인일 수 있다. 퍼플은 상황마다 마음이 바뀌어 그에 따라 선택하고 목적지를 수시로 변경할 수 있는 마음이기 때문이다. 그들은 한결같은 모습인 블루그린을 보고 이렇게 생각한다. "어째 저리 융통성도 없이 늘 하는 대로만 할까? 어휴." 서로가 다른 컬러 마음이기 때문에 각자가 한숨을 쉰다.

좋고 나쁨은 양면적일 수 있다. 성실하고 꾸준하게 일하는 모습을 우리는 때로 융통성 없다고 말한다. 내 마음과 끌림이 같을 때 우리는 좋은 평가를 한다. 그러나 내 마음이 받아들이지 못할 때 그 좋은 모습을 비난하기도 한다.

몸과 마음의 균형을 중시하는 블루그린은 집에 있을 때 '나무늘보'가 된다. 리모컨을 부여잡고 소파를 애인 삼아 텔레비전을 시청하는 흔한 모습이며 유난히 잠을 좋아한다. 동적인 오렌지 아내는 왠지 모르게 게을러 보이는 남편이 마음에 안 든다. 이 화창한 봄날에 낮잠을 즐기는 모습이 너무 미워진다. 당연히 호기심 많고 경험 중심주의 아이들은 블루그린의 부모가 답답하게 느껴질 수 있다. 무엇인가 하려고 하면 생각하고 결정하라고 찬물을 끼얹을 때가 많기 때문이다. 블루그린 부모 또한 활동적이고 목표지향적인 아이들을 힘들어 한다.

블루그린의 안정감 있는 사랑

블루그린 마음 사람이 애인에게 주는 안정감은 아주 큰 매력이다. 변함없이 늘 그 자리에 있어 줄 것 같다. 블루그린의 매력은 의지하고 싶게 만든다. 화를 잘 내지 않는다. 늘 성실한 모습으로 과하거나 부족하지 않은 모습을 보인다. 그래서 주로 오랜 연애 끝에 결혼에 골인하는 사람이 많다.

온화하고 부드러운 사람이다. 처음에 낯가림이 있어 친해지기 어렵다. 생각이 많아 신중하기에 자신의 마음을 표현하는 데 시간이 걸린다. 애인이 블루그린 기질이라면 기다려주어야 한다. 블루그린 사람들은 익숙해지기 전에 그 사람과의 연애를 시작도 하지 않는다.

블루그린 남자가 소개팅을 나갔다. 신중하고 내향적인 그는 약속 시간이 되어가자 삐질삐질 땀이 났다. 드디어 나타난 여자는 첫눈에도 예쁘고 세련된 사람이었다. 무슨 말을 해야 할지 모르고 눈도 마주치지 못한다. 다행히도 여자가 활달하게 말을 건네고 대화를 이어나갔다. 여자는 말없이 땀을 흘리는 남자가 안쓰러워 자신이 많은 이야기를 하였다. 너무나 말을 많이 해서일까? 남자는 표정이 점점 굳어간다. 아마 끊임없이 조잘거리는 여자가 부담스러워지기 시작한 것이리라.

남자는 점점 자기의 성향과는 너무 달라 보이는 여자를 관찰하고는 마음의 문을 닫고 말았다. 블루그린 사람은 사귀는 것을 결정하기까지 시간이 걸린다. 하지만 일단 사귀기 시작하면 성실하고 변함없는 듬직함을 보인다. 프러포즈가 늦어질 수 있다. 성격이 급한 애인이라면 자신을 열정적으로 사랑하지 않는 것 같은 모습에 이별을 고하기도 한다.

블루그린 사람 또한 감정 기복이 심한 상대방에게는 스트레스를 받아서 스스로 물러나기도 한다. 연인이나 부부간의 갈등이 생기면 회피해버리는 블루그린의 성향을 이해하고 잠깐 생각할 시간을 줌으로써 아름다운 사랑이 지속되기를 응원한다.

블루그린 마음에게 전하는 메시지

66

* 자신의 전문 분야를 빨리 찾아보세요.
* 너무 마음에 담아놓고 참지 마세요.
* 갈등이 생기면 정면으로 맞서 보는 것은 어떨까요?
* 가끔은 새로운 변화를 즐기세요.
* 자기 계발에도 관심을 가지세요.
* 과거에 집착하지 마세요.
* 열정적으로 하고 싶은 것을 찾아보세요.

99

○○○○○○ **10** ○○○○●○

핑크,
사랑밖에 난 몰라

핑크의 빛 - 사랑스러움. 배려. 상냥함

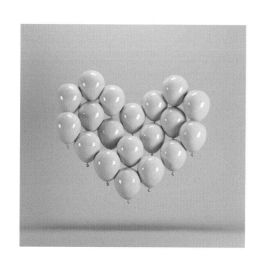

핑크 컬러는 어린 여자아이들이 특히 좋아하는 컬러다. 특히 4~5세 여자아이들은 핑크와 사랑에 빠진다. 옷과 소품, 구두 등 무엇이든 핑크 컬러를 선호한다. 발달심리와도 관계가 있는데 이 시기에 아이들은 자기 주관이 생긴다. 사랑받고 싶어 하는 시기며, 자기 중심성이 가장 높은 시기라서 "나만 사랑해줘"라고 외치는 시기다.

혜정 씨도 유치원 교사 시절 한동안 핑크 컬러에 빠져서 온통 핑크로 꾸미고 다녔다. 그래서인지 아이들에게 꽤 인기가 많은 선생님이었다. 남자아이들은 "선생님과 결혼하고 싶어요"를 외친다. 한 남자아이의 구애를 일 년 넘게 들은 적도 있다. 남자아이는 무릎에 안기거나 혜정 씨가 어디로 가든 껌딱지처럼 꼭 붙어 있었다.

"너 꼭 약속 지켜야 해. 커서 선생님이 나이 많아서 싫다고 하면 안돼! 약속!" 새끼손가락 걸며 결혼을 약속하던 아이가 있다. 무슨 소린지나 알까 웃으며 고개를 끄덕였던 아이를 생각하면 입가에 미소가 번진다. 아이들은 "선생님 공주 같아요"라고 항상 칭찬했고 혜정 씨의 핑크빛 원피스와 긴 머리 그리고 귀걸이와 분홍 립스틱 등은 여자아이들의 로망이었다.

아마 혜정 씨의 공주병은 이때부터 심각해진 것이 아니었을까 싶다. 의상과 소품들은 모두 아이들의 사랑을 받기 위한 것으로 채워져 갔다. 어린 시절 많은 사랑을 받지 못한 혜정 씨는 아이들의 사랑이 너무 행복했다. 핑크 마음은 사랑을 받기도 하지만 사랑을 주고 싶어 한다. 작은 것에 잘 감동하고 말 한마디로 사람의 마음을 움직일 수 있는 사람이다.

핑크빛 사랑이라고 사람들은 표현한다. 따뜻하고 포근하게 감싸주는 듯한 겨울에 오리털 이불 속으로 들어가는 느낌일까? 기분이 좋고 마음의 여유가 있을 때 핑크 마음은 더할 나위 없이 사랑스럽다. 다른 이에게 인정받고 좋은 사람이라는 느낌을 줄 때 본인 자신도 행복한 사람이다. 자신을 포함해 주변 사람이 평화롭게 안정적으로 사는 것이 중요하다.

핑크 마음의 주제는 사랑이다. 타인에게 인정받고 싶어 한다. 그래서 핑크 사람들이 부모가 되면 그 사랑이 아이들에게 간다. 섬세하게 아이들의 감정을 공감하고 다독인다. 따뜻한 엄마 친절한 엄마 마음 약한 엄마의 모습을 보인다. 마음은 여리고 순수해서 사람을 잘 믿어 버린다. 눈물도 많고 정도 많은 핑크 사람들은 타인 중심형으로 다른 사람을 배려하는 힘이 크다.

그래서 인기가 많고 사람들 또한 핑크 사람들을 잘 돕는다. 매우 예의 바른 핑크 사람들은 그 고마움을 어떤 식으로든 갚는다.

핑크의 빛나는 마음 중 하나는 자상함일 것이다. 자상하게 아이를 양육한다. 핑크 남자는 섬세함으로 주변 사람들을 잘 챙긴다. 여성을 여성스럽게 하는 색, 남성의 강함을 부드러움으로 승화시키는 색이다. 리더십도 이제는 강함보다는 핑크 느낌처럼 따뜻한 카리스마를 선호한다. 다정하고 온화한 핑크 마음은 풍부한 애정으로 주변 사람들을 돌보고 긴장감 없는 생활을 원한다. 부탁을 거절하지 못하고 자신의 시간을 할애해서 힘들어도 타인을 위해 애쓰는 사랑스러운 핑크 마음이다.

핑크의 그림자 - 의존심, 질투, 우유부단함

핑크의 그림자 마음은 무엇인가? 많은 이들의 상담에서 느낀 공통점은 의존성에 있다. 핑크 사람들은 겁이 많다. 어릴 때 섬세한 양육을 받지 못한 사람들은 애인이나 배우자에게 의지를 많이 한다. 연희 씨는 오래 사귄 사람과 일찍 결혼했다. 집에서 벗어나고 싶었기 때문이다.

부모에게 의지하지 못하고 자란 연희 씨는 오로지 남편만을 의지했다. 결혼하고 나서 연희 씨 남편은 참다못해 한마디를 한다. "나한테만 너무 의지하는 것이 좀 부담스러워."

남편의 말을 들은 연희 씨는 충격을 받았다. 간섭받기를 유독 싫어하는 퍼플 기질의 남편은 연희 씨가 부담스러웠다. 친구들과도 만나고 싶고 혼자만의 시간도 필요했다. 그런데 연희 씨가 늘 자기만을 바라보는 것이 답답하게 여겨졌다. 남편의 충격적인 말을 들은 연희 씨는 한동안 우울증에 빠졌다. 핑크는 1대1의 사랑을 간절히 원하기에 모든 것의 중심이 내가 아니라 남편이었을 것이다. 그러나 남편은 각자 위치에서 독립적인 진정한 성인이 되고 싶었다. 핑크 기질을 이해한 남편은 무슨 생각을 하는지 모르지만, 고개를 한참 동안 끄덕이며 생각 정리를 하는 듯했다.

또 다른 핑크 에너지를 많이 가진 소영 씨는 질투가 심했다. 자신을 어떤 규칙에 얽매이게 하는 것을 싫어하면서도 자신에게 조금이라도 소홀한 것은 참을 수 없다. 끊임없이 남자 친구의 애정을 갈구했다. 문자 메시지에 답이 없으면 노심초사다. '왜 답이 없지? 마음이 식은 건가?', '혹시나 남자 친구의 주변에 다른 여자가 있는 것은 아닐까?' 하며 전전긍긍하기도 한다. 핑크의 그림자 중 하나는 질투다. 자신에게 조금이라도 소홀하거나 다른 사람에게 관심을 보이는 거 같으면 힘들어한다. 그래서 소영 씨는 이런 말을 많이 들었다고 고백한다. "기승전결, 네 인생은 모두 사랑이니? 사랑 빼면 없는 거 같아", 자신 또한 왜 그리 사랑에 목숨 거는지 모르겠다고 한다.

핑크는 타인이 자기를 싫어하는 것을 원하지 않는다. 그래서 상대방이 원하는 대로 거의 맞춰 주는 성격이다. 핑크 사람들이 힘들어하는 것 중 하나는 결정하는 것이다. 음식점에서 친구들이 네가 알아서 주문하라는 말이 제일 싫다. 그냥 친구들의 의견대로 따르는 것이 제일 편한 사람이다. 그래서 우유부단하다는 소리도 많이 듣는다. 마치 '호구' 같은 느낌을 주어 인성이 나쁜 사람들은 그 착한 마음을 이용하기도 한다. 마음 여린 핑크 사람들은 겁이 많아 싸움을 일으키는 원인으로부터 안정과 평화를 지키고자 피하는 성향이 있다. 나만 참으면 된다는 생각으로 참다가 피해자 의식을 갖기도 한다.

가정에서도 아이들이나 남편이 우선이다. 그러다 보니 가족들을 위해 많이 참는다. 아이들이 혹 다칠까, 마음의 상처를 입을까 싶어서 이리저리 잔소리를 많이 한다. 아이들이 대학에 가면 빈둥지 증후군을 제일 많이 앓을 수 있는 컬러 기질이다. 아이들이 성인이 되면 잔소리를 멈추어야 한다. 노심초사 걱정하는 마음을 버려야 한다. 그리고 가족들에게 아이처럼 조르거나 엄마를 사랑해달라고 애정을 갈구해서는 안 된다. 가족들에게 사랑받지 못하면 우울해지는 핑크 컬러다.

핑크의 달콤한 사랑

핑크 마음은 따뜻하고 포근한 사랑을 한다. 솜사탕을 입에 넣은 것처럼 금방이라도 사라질 거 같은 신기루 같다. 자상하고 친절하고 상냥한 이들의 사랑은 마치 귀여운 강아지를 보는 것 같다. 타인을 수용하고 받아들이며 모든 것을 다독여줄 것 같은 사랑이다. 풍부한 애정으로 사랑받고 사랑을 주기를 원한다. 의존심이 커 상대가 의지가 되는 사람이라면 끌리기 쉽다. 핑크 에너지를 많이 가진 여자는 아버지같이 의존할 수 있는 자상함과 강함을 가지고 있는 존재를 찾기 쉽다. 남자는 똑똑하고 의지할 수 있는 강하면서도 부드러운 여자에게 끌린다.

핑크의 사랑은 드라마에 나올법한 연애를 꿈꾼다. 그래서 자신을 소설의 주인공처럼 여길 때가 있다. 상대방이 현실적이어서 대화가 통하지 않고 힘든 일이 생겨 버릴 때, 스스로 비련의 주인공이 되어 상대를 당황스럽게 한다. 여자들이 많이 하는 실수다.

핑크 마음은 자신을 사랑하는 마음을 높여야 한다. 사랑받기 위해 타인을 사랑하는 것이 아니라 그냥 순수한 사랑을 느껴야 한다. 자존감을 높이면 있는 그대로의 자신을 사랑할 수 있다. 내가 나를 사랑할 때 타인도 나를 사랑할 수 있다. 버림을 받을까 가장 두려워하는 마음이 크다. 자신의 존재감만으로도 당당한 핑크가 되어야 한다.

"

* 세상의 주인공은 나이며 내가 나를 가장 사랑하는 존재이어야 합니다.
* 모든 사람은 다 외로워요. 나만 외로운 것이 아니랍니다.
* 좋은 것과 싫은 것을 말하는 연습을 해보세요.
* 모든 사람이 나를 좋아할 수는 없어요. 싫어하는 사람도 있음을 인정하세요.
* 두려워하지 마세요. 원하는 것에 집중할 수 있어요.
* 나에게 선물을 자주 하세요.
* 나를 갈고 닦아서 빛나는 보석으로 만들 수 있도록 노력해 보세요.

"

○ ○ ○ ○ ○ ○ **11** ○ ○ ○ ● ○ ○

골드,
결과가 중요한 거야

골드의 빛 - 도전, 개혁, 성공

황금을 의미하는 골드. 골드라는 이름만으로도 입가에 미소가 도는 컬러로 귀하고 귀한 값어치의 상징이다. 자녀의 돌잔치를 하며 받는 제일 좋은 선물이 금반지, 금팔찌, 금목걸이다. 금값은 오르락내리락하기도 하겠지만 시간이 갈수록 더욱 귀한 보물이 된다. 골드 마음은 물질적인 성공을 원한다. 더불어 자신의 가능성에 대한 자존감이 매우 높다. 누구보다 잘하고 싶고 최고가 되고 싶어 하는 사람, 그기에 욕심도 많고 최선을 다해 열심히 노력한다.

무엇보다 골드의 빛나는 마음은 긍정적이라는 것이다. '나는 잘될 거야, 열심히 하면 무엇이든 할 수 있어. 나는 하고 싶은 것을 할 거야'라는 생각으로 목표를 향해 움직인다. 이런 긍정적인 마음으로 도전하는 속도 또한 다른 사람들보다 빠르다. 생각보다 행동이 앞서기도 한다.

생각하고, 계산하고, 머릿속으로 그림을 그리는 데 많은 시간을 할애하지 않는다. 일단 부딪히고 실패를 거울삼아 다시 도전한다. 골드의 마음이 자신감 있는 언어를 구사할 때 가장 멋있다. 우선순위를 결정해 이것저것 시도하는 자신감 있는 태도를 보인다.

"그래 나도 할 수 있어. 실패를 두려워 말고 내가 하고 싶은 것을 해보는 거야." 때때로 나의 우유부단함과 겁 많은 성격에 자신감이라는 마중물을 넣어주는 친구가 있다. 좋은 사람을 곁에 두는 것은 천군만마를 얻는 것과 같다. 내게 필요한 성격 에너지를 잘 관찰하자. 주변에 아마 다양한 컬러의 마음을 가진 사람들이 많을 것이다. 그 사람들에게 하나씩만 배워도 인생은 정말 풍요로울 것이다.

골드 마음에서 배울 점은 도전력과 변화를 두려워하지 않는 것이다. 골드 마음은 실패에 맞서며 다시 계획하고 시도하는 힘이 있다. 호기심으로 무엇인가를 하고자 제안한다면 골드 마음은 생각에 머물지 않고 바로 실행한다. 정말 시원시원하다. 아니면 바로 못 한다고 하므로 답답하지 않다.

골드 마음의 행동력과 호기심으로 인한 경험 중심주의는 오렌지 마음과도 비슷하다. 골드의 목표지향적이고 긍정적인 사람은 늘 한 걸음씩 앞으로 나가기 위해 자신을 스스로 격려한다. 타인의 기대에 맞추어 살지 말고 삶의 목표가 무엇인지 늘 생각하고 꿈꿀 것. 언제나 나만의 행복한 길을 찾아 씩씩하게 걸어가길 바라며 응원하고 또 응원한다.

골드의 마음은 지혜롭고 가치 있는 것을 추구한다. 실패에서도 배움을 얻는 사람이다. 행동하지 않으면 앞으로 나아갈 수가 없다. 두려움이 자신의 길을 막고 있을 수 있기에 긍정으로 이기는 사람이다. 그래서 가고자 하는 일에 중심이 흔들리지 않으며, 어떠한 열매든지 결실의 가치를 보고 싶어 한다.

골드 사람이 부모가 되면 어떨까? 아마 자녀가 한 명이라면 정말 최고로 키우기 위해 최선을 다할 것이다. 모든 컬러 부모들이 그렇겠지만 무엇보다 자존감을 높여 주기 위해 애쓰는 부모가 될 것이다. 부모 자신이 도전하고 여러 경험을 통해 성공한 경우가 많다. 그래서 아이에게도 가르친다. 도전하고 경험하고 실패를 두려워 말라고 말이다. 아이가 잘할 수 있도록 격려하며 성장할 수 있도록 돕는다. 무엇이 필요한지 지원을 아끼지 않으며 늘 이상을 꿈꾸게 한다.

골드의 그림자 - 경쟁의식, 교만, 두려움

골드 마음은 결과를 잘 만들어낸다. 그리고 성공 아이디어를 나눌 수 있다. 그러다 보니 주변에 사람들이 많이 모인다. 그러나 결과 중심 주의이기 때문에 승부욕이 강하다. 그들은 자녀와의 게임에서도 일부러 져주는 일이 없다. 타인과 경쟁은 물론 자기 자신을 이기기 위해 스스로와도 게임하고 경쟁하기도 한다.

결과를 많이 만들어낸 골드 에너지를 가진 사람들은 자랑을 많이 한다. 돈 자랑을 해서 욕을 얻어먹기도 하고, 자식 자랑을 하기도 한다. 때로는 많은 일을 동시에 해낼 수 있다. 그러다 보니 골드 사람이 자랑하지 않아도 그들의 말은 자랑처럼 들리고 주변의 질투를 일으킬 수 있다.

골드의 그림자 마음은 권력이나 물질에 집착하는 사람처럼 보일 수 있다. 실제 사람과의 인연에 대해 소중함보다는 물질적인 것을 더 중요한 가치관으로 둘 때도 있다. 물질로 차별하거나 자신의 목표와 상관없는 사람은 별로 신경 쓰지 않는다. 자신의 존재감이 우월하다고 생각하기 때문이다. 그래서 교만해보이기도 한다. 반대로 자신보다 스펙이 월등하게 높은 사람이 등장하면 속으로 비교하며 위축되기도 한다.

옐로우처럼 빛나고 싶어 하고 우월하고 싶은 마음이다. 그러다 보니 그 마음 안에는 알지 못하는 불안감이 크다. 빛과 그림자는 하나이고 동전의 양면 같다고 계속 말하는 이유다. 성공하고 싶은 빛의 마음이 강할수록 그렇게 되지 못할까 봐 두렵고 긴장하는 그림자 마음도 크다. 그림자를 잘 이용하는 골드는 그림자를 이겨내기 위해 더 열심히 노력한다. 그러나 그림자 안에만 머문다면 강박관념에 스스로 힘들 수 있다.

이들은 호기심이 많다. 그러다 갑자기 사라져 버리는 변덕스러움도 있다. 새로운 것을 너무 좋아한다. 다양한 경험과 목표물을 만들고자 노력하다 보니 여러 가지 일들을 배우고 경험한다. 그 경험 속에서 만나는 인맥도 많지만 오래 지속되는 인연은 많지 않다. 일이나 취미가 바뀔 때마다 만나는 이들도 쉽게 바뀌기 때문이다.

골드 사람이 부모라면 자녀에게 부담을 줄 수도 있다. 아이가 목표에 미치지 못하면 화가 나기 때문이다. 목표를 위해 아이를 힘들게 할 수도 있다. 느린 기질의 아이라면 부모에게 주눅이 들 수 있다. 아이 기질의 컬러가 부모와 비슷하다면 아이는 골드 부모에 대한 자부심이 대단할 것이다. 결과를 중요하게 여기는 골드 부모는 아이가 노력한 과정을 무시하지 않도록 조심해야 한다.

골드의 화려한 사랑

골드 사람들은 '금사빠'가 많다. 급하고 결과를 빨리 만들고 싶어

하는 기질 때문에 사랑이라는 감정에도 금방 빠지는 경향이 있다. 골드는 상대방의 작은 행동으로도 사랑에 빠질 수 있다. 즉 자신이 반하는 포인트가 어느 지점인지에 따라 다르다. 손가락으로 머리카락을 귀에 거는 순간의 여성스러움에 빠지기도 한다. 또는 아버지처럼 자상하게 생선을 발라주는 모습에 마음을 빼앗기기도 한다. 이들은 호감을 느끼고 만나는 시간도 짧다. 남들보다 빨리 고백하고 적극적으로 마음을 표현하기 때문에 바로 연애 모드에 들어갈 확률이 높다.

자신의 사랑이 화려하고 빛나기를 바란다. 끼와 재능이 있어 여러 가지 능력을 갖춘 골드 사람들은 이벤트로 연인의 마음을 사로잡는다. 데이트 코스도 남들과 다른 화려한 곳을 좋아하고 고급스러운 곳을 찾는다. 연인이 골드라면 데이트 코스를 고민할 필요가 없다. 늘 새롭고 흥미로운 곳을 찾아놓기 때문에 순간순간 즐거울 수 있다. 그러나 시간이 지나면 새로운 모습을 보여주어야 한다는 부담감으로 스트레스를 받기도 한다.

골드 마음은 기다리는 것을 가장 싫어한다. 약속이나 계획이 시간 때문에 미뤄진다면 불같이 화를 낼 수도 있다.

골드의 지하철 데이트 약속 이야기다. 성격이 급한 골드 사람은 지하철 이동시간까지 계산한다. 빠른 하차 승강기 번호에 가서 줄을 서고 바로 나가는 출구를 찾아 이동한다. '15분 안에 도착했어. 진짜 대단해!' 하며 스스로 경쟁하며 게임을 하듯 순간순간을 즐긴다. 목표 의식과 결과물을 만들어내는 마음이 연애에도 작용한다.

그들의 아주 긍정적인 마음은 도전하고 개혁하는 데 큰 힘이 된다. 기차를 타야 하는 두 남녀가 있다. 5분밖에 남지 않은 열차 시간을 두고 여자는 다음 차를 타자고 말한다. 골드 남자는 "아니야, 왜 포기해. 할 수 있어. 뛰자"라고 손을 잡더니 열심히 뛰기 시작했다. 정말 극적으로 기차에 몸을 실을 수 있었다. 골드 남자는 승리에 찬 듯 환호했다. 그러나 여자는 심장이 터지는 줄 알았고 어지럼증까지 느꼈다. 굳이 이렇게까지 뛰어야 하나 싶어서 남자 친구를 째려본다. 그러나 결국 기차를 놓치지 않았다는 자부심에 환하게 웃는 남자 친구를 보고 피식 웃음이 났다는 이야기다.

골드 마음에게 전하는 메시지

"

* 결과도 중요하지만 과정도 중요합니다.
* 서둘러서 손해 보는 일이 있지 않을까요? 조금만 천천히….
* 쓸데없는 자존심을 세우지 마세요.
* 자기 자랑을 너무 하면 질투를 불러일으킵니다.
* 지나친 경쟁의식은 사람들이 경계심을 갖게 할 수 있어요.
* 지혜로움을 찾아 떠나는 여정을 응원합니다.
* 지나치고 무모한 도전의식은 주변 사람을 힘들게 할 수 있습니다.

"

○○○○○● **12** ○○○○○○

터콰이즈,
스킨십은 힘들어

터콰이즈의 빛 – 독립심, 창조성, 독특함

하늘색 또는 비취색이나 옥색 비슷한 컬러를 연상해보자. 컬러 테
라피 언어로는 터콰이즈라고 한다. 무인도의 맑은 하늘과 푸른 바다를

마주 보고 있는 나를 생각해보자. 아무도 나를 건드리지 않는다. 가장 예쁜 수영복을 입고 물속으로 유유히 걸어가본다. 시원한 물이 발목을 감싼다. 내 맘대로 내가 원하는 것을 선택하고 행동할 수 있다. 수영하고 맛있게 먹고 잠도 잔다. 일상의 모든 것은 다 잊어버렸다. 세상의 주인공이 되어버린 순간을 느껴보자. '내 세상은 나의 것'이다. 이것이 터콰이즈 마음이다.

터콰이즈는 독립적이다. 남들과 다른 세상을 꿈꾼다. 타인의 시선을 신경 쓰지 않는다. 나라는 사람이 중요하다. 내 생각, 내 느낌 그대로 전달할 수 있다. 유쾌하고 재밌는 사람이기에 사람들에게 인기가 많다. 많은 사람과 어울리기는 하지만 어울린 만큼 혼자 있는 시간 속에서 에너지를 보충해야 한다.

자기 자신을 가장 사랑하는 모습 때문일까? 터콰이즈가 스트레스를 받거나 힘들다고 느낄 때는 혼자 있음을 즐긴다. 그들은 혼자서 무엇을 하거나 혼자서 먹거나 혼자서 여행할 때 에너지를 얻는다.

윤주 씨에게 급한 일로 연락했지만, 며칠 동안 연락 두절이었다. 막연히 기다려야 하는 것이 화가 났다. 며칠이 지나 드디어 연락이 왔다. 집안일로 우울해서 혼자 여행을 갔다 왔다고 한다.

핸드폰도 끄고 연락을 다 끊었다. 윤주 씨는 성경책 한 권을 통독하며 혼자 명상의 시간을 보냈다. 타인의 의견을 배려하지 않아도 되는 혼자라는 상황이 행복했다. 먹는 것, 즐기는 것 등 모든 것을 오로지 자신만의 감각을 의지한다. 그렇게 혼자만의 시간을 즐기고 왔더니 우울한 기분을 극복했다고 한다. 윤주 씨의 어린애같이 꾸밈없는 행복한 미소가 보였다.

자기 자신을 가장 사랑하는 힘이 터콰이즈의 강점이다. 누구도 건드릴 수 없는 자기만의 영역이 있다. 그 부분만 건드리지 않는다면 참으로 유쾌한 사람이고 재밌는 사람이다. 그 성의 왕인 듯 누리는 시간과 여유를 즐기는 힘이 있다.

독특함을 사랑하는 지수 씨는 타인과 똑같은 옷을 입는 것을 싫어한다. 새 옷이지만 지하철에서 같은 옷을 입은 사람을 보면 다신 그 옷을 입지 않는다. 옷뿐만이 아니라 다른 소품들도 나만의 개성을 추구한다. 그래서 그런지 지수 씨는 명품을 그다지 좋아하지 않는다. 친구들은 명품 가방을 사지 못해 안달이다. 지수 씨는 독특한 천 가방이 있다면 명품 바라보듯이 하는 사람이다.

터콰이즈 마음은 세상의 일반적인 시각과 약간 다르게 보는 경향이 있다. 부모교육 시간에 많은 부모에게 던진 질문은 이렇다. "아이를 명품으로 만들고 싶으신가요? 평범한 소품으로 만들고 싶으신가요?" 명품으로 만들기 위한 엄마의 마음가짐을 설명하기 위해 던진 질문이었다.

그런데 예상하지 못한 터콰이즈의 엄마는 바로 평범한 소품이라고 대답했다. '내가 잘못 들었나?' 의아해했지만, 엄마의 설명은 이랬다. "모두 다 명품이 될 필요는 없잖아요. 저는 그냥 내 아이가 평범하게 자랐으면 해요." 나는 그 말에 고개를 끄덕였다. 감정과 마음에는 정답이 없다. 나도 모르게 나만의 색안경을 쓰고 있었음을 반성했다.

터콰이즈 마음은 많은 사람과 교류하는 것을 원하지 않는다. 괴짜 같은 느낌을 주는 터콰이즈 사람은 호불호가 있다. 자신을 이해할 수 있는 사람만 있으면 된다고 생각한다. 터콰이즈 마음은 다른 사람들의 시선에 관심이 없다. 오히려 내가 좋아하는 사람, 싫어하는 사람을 나누어 내가 편한 대로 행동한다. 독특한 아이디어나 유니크한 생각들로 신선함을 주는 터콰이즈 사람들의 사고방식은 참 특이하다. '어떻게 그런 생각을 할 수 있을까?' 하며 고개를 갸우뚱거리게 할 정도로 독특하다.

나와 너의 경계가 확실한 터콰이즈는 간섭받기 싫어하는 만큼 본인도 타인을 간섭하지 않는다. 쓸데없이 수다 떠는 시간을 아까워한다. 무언가 독특하고 생산적인 시간을 쓰려고 노력하는 사람들이다. 단순한 지식보다는 지혜를 갈구한다. 탄산수처럼 톡톡 쏟아내는 아이디어와 주변에 연연하지 않는 자신감과 독립적인 모습은 닮고 싶은 모습이다.

이들이 부모가 된다면 아이들에게 당당하게 자기 생각을 말한다. 돌려서 말하지 않는다. 자기 자신을 사랑하는 법을 먼저 알게 한다. 남들과 다른 위트와 재미로 세상의 호기심을 다양하게 충족시키는 부모가 될 것이다. 멋진 부모가 되기 위하여 노력하고 애쓰는 사람이다.

터콰이즈 사람들의 매력은 치명적이다. 하지만 솔직한 직언들은 사람들에게 상처를 주기도 한다. 화가 났을 때 자신의 기분대로 함부로 말을 하기 때문이다. 그것이 타인에게 상처를 주는지 본인은 잘 모른다.

지연 씨의 가정사다. 터콰이즈 마음의 남편이 그 집에서는 왕따이지만 남편은 모른다고 한다. 아버지의 기분에 따른 직언이 때로는 폭력처럼 아프다. 레드의 욱하는 그림자를 가진 딸은 그나마 아버지에게 대들 수 있었다. 핑크나 그린 성향의 아들과 지연 씨는 무서워 말도 못 하고 참기만 한다.

평상 시에는 재밌고 멋진 남편이라고 두둔하던 지연 씨는 순간 한숨 쉬며 말한다. 일 년에 몇 번씩 눈치 없는 직언으로 온 집안의 분위기를 엉망으로 만든다는 것이다. '그 부분만 없으면 정말 멋진 사람인데' 하며 혼잣말을 한다. 아마도 남편의 흉을 보는 것이 미안하다고 생각하는 모양이다.

터콰이즈의 아버지는 아이들에게 차마 부모로서 하면 안 되는 말을 던진다. "네까짓 게 왜 태어나서 그 모양인지 모르겠다." 차갑고 못된 말을 서슴지 않고 한다. 아이들은 상처를 많이 받는다. 어른이 되어서도 아버지에게 들은 못된 말들이 쇠꼬챙이처럼 가슴을 찔러서 아프다. 아이들은 아버지가 사과해준다면 용서하고 싶다. 그러나 아버지는 사과를 요구하는 아이들에게 이렇게 말한다. "난 잘못한 거 없다. 너희들이 잘못했으니 내가 그리 말했겠지." 지연 씨는 남편에게 기대할 것이 없다고 생각했다. 아이들도 포기했고 아버지를 뺀 가족들만 똘똘 뭉쳤다.

터콰이즈 남편을 둔 또 다른 예다. 레드 에너지가 많은 아내는 늘 남편이 불만이다. 현실적이고 열정적인 아내는 집안일과 육아, 직장 일까지 최선을 다한다. 그러나 세 아이의 아버지인 남편은 자기 일과 취미 행복이 우선이었다. 아내로서는 남편이 얄밉고 화가 나서 화병에 걸릴 지경이라고 하소연한다.

아이들 학원을 태워다 달라고 하면 이렇게 말한다. "자기 일은 자기가 해야지. 그리고 아이들이 스스로 하게 해. 버스 타면 되지!" 자신의 일정을 바꾸기 싫어하는 남편의 말이다. 아내는 속이 터진다. 터콰이즈 사람들이 그림자 에너지를 쓸 때는 누구보다 차갑고 냉정하다는 느낌을 준다.

제일 속 터지고 힘들게 하는 것은 종종 잠적하는 것이다. '동굴에 들어가 나오지 않는다'라는 말이 있는데, 아마 터콰이즈의 행동을 두고 하는 말이 아닐까 싶다. 이 사람들은 혼자 있으므로 인해 에너지를 얻는다. 그래서 스트레스를 받으면 혼자 어디론가 사라졌다가 에너지가 충족되면 돌아온다.

터콰이즈의 매력적인 사랑

터콰이즈 사람은 매력적이라서 이성의 호감을 많이 받는다. 자기 자신을 사랑하는 나르시시즘이 있다. 나름 자신의 외모를 잘 가꾸거나 독특한 의상으로 자신의 개성을 표현한다. 재밌고 위트 있는 말솜씨는 즐거운 분위기를 만든다. 남과 다른 특이함이 상대방을 특별하게 만드는 재주가 있다. 매우 현실적인 연애를 즐긴다. 쓸데없는 일에 돈과 에너지를 낭비하지 않으려 한다. 좋아하는 사람에게만 쓰는 그 소비 또한 이성을 반하게 하는 매력이 있다. 따라서 낭만을 기대한다면 실망할 수 있다.

수연 씨는 마음에 드는 터콰이즈 남자를 만났지만 석 달이 지나도 연애 시작 전 밀고 당기는 느낌이라고 한다. 자연스러운 스킨십도 한다. 알콩달콩 사랑을 나눈다는 기분이 들지만 헤어지면 멀게 느껴지는 느낌은 무엇인지 도무지 알 수가 없다. 일반적인 연애의 이야기를 기대하기 어렵다. 나를 좋아하는 것 같다가도 너무 이기적이라는 생각도 든다. 대화하다 보면 그 사람의 논리가 다 맞다. 수연 씨의 감정이 왠지 잘못된 거 같은 느낌을 준다. "여자들은 명품 가방을 받으면 자기를 좋아한다고 생각하지? 난 아니라고 생각해. 이 세상에 하나밖에 없는 사랑을 주고 싶어. 그게 천 가방일지라도 나만의 선물이 더 의미 있는 거 아니야?" 뭐라 말할 수 없는 수연 씨는 고개만 끄덕였다.

터콰이즈는 상대가 자기 생각과 능력을 인정해주기를 바란다. 본인의 개성이 강하기에 어딘가 독특한 매력을 주는 연인을 좋아한다. 혼자 있는 것을 좋아하기에 서로의 자유를 존중하는 연애를 한다. 연인 관계에 있어 서두르지 않으며 연애 시작 전에 밀고 당기기를 하고 배우자로 결정하기까지 신중하게 신뢰를 쌓으려고 한다. 상대가 긴가민가한 생각을 하게 되는 이유다. 그러나 때로는 그런 신중한 모습이 믿음직해서 결혼을 결정했다고 하는 분도 있다. 평소 쿨한 면이 있어 화를 잘 내지 않는다. 자신이 중요하다고 생각한 부분만 잘 지켜주면 된다. 주변에 좌지우지되지 않고 자기 인생의 주인이 되는 터콰이즈 마음의 당당한 사랑을 응원한다.

터콰이즈 마음에게 전하는 메시지

"

* 마음속 애정을 표현해보도록 노력하세요.
* 말에 의한 상처는 영혼을 파괴할 만큼 강력하다는 것을 기억하세요.
* 다양한 사람들과 교류해서 생각의 폭을 넓혀 보세요.
* 자신의 세상을 인정하듯 타인의 세상도 인정해주세요.
* 스스로 결정하기보다 상의하세요.
* 자신을 끊임없이 찾아가는 여행을 즐기세요.
* 창의적인 생각을 공유하세요.

"

Chapter 3.
색다른 아이 마음
12컬러 이야기

아이 컬러 성향 체크리스트

아이가 좋아하는 컬러 세 가지를 순서대로 나열하자.

에너지 사이언스 CPA 측정 방법

R레드 O오렌지 Y옐로우 G그린 B블루 I 인디고

P퍼플 BG블루그린 PK핑크 GO골드 T터콰이즈 M마젠타

끌리는 컬러 선택
- 빠르게 3초 안에 -

1. 호기심이 많다.

2. 유독 새로운 것을 가지고 싶어 한다.

3. 친구들에게 인기가 많고 나누어 주는 것을 좋아한다.

4. 친구들을 가르쳐주는 것을 좋아한다.

5. 잘 웃고 밝은 성격에 낙천적이다.

6. 발표를 잘하고 질문을 많이 한다.

7. 칭찬받고 인정받기 위해 노력한다.

8. 임기응변이 뛰어나고 유머 감각이 있다.

9. 다른 사람 눈치를 많이 본다.

10. 공감받지 못하고 혼나면 분노한다.

11. 감정 기복이 심하다.

12. 소심하고 겁이 많다.

13. 정리 정돈을 못 하고 산만한 편이다.

14. 인정받지 못하면 시무룩하다.

15. 힘들고 어려운 것은 쉽게 포기하는 편이다.

체크된 개수

TEST 그린 마음

1. 예의 바르며 도덕적인 행동을 한다.

2. 양보를 잘하고 싸우는 것을 싫어한다.

3. 선생님이나 좋아하는 어른들을 잘 따른다.

4. 약속을 중시하고 규칙을 잘 지키는 편이다.

5. 친절하고 상냥하며 정적인 활동을 좋아한다.

6. 동생을 잘 보살피고 약한 친구들을 잘 돕는다.

7. 단체 생활을 잘한다.

8. 친구들의 이야기를 잘 들어주고 의지하는 친구가 많다.

9. 낯가림이 있다.

10. 변화를 두려워하고 도전하는 것에 신중하다.

11. 결정할 때 시간이 걸린다.

12. 혼자 있는 것을 싫어한다.

13. 거절하지 못해 손해 볼 때가 있다.

14. 미래에 대한 걱정이 많다.

15. 친구들이 고마워하지 않으면 화가 난다.

체크된 개수

TEST 핑크 마음

1. 애정 표현과 스킨십을 많이 한다.

2. 칭찬받고 인정받고자 노력한다.

3. 다른 사람의 변화를 쉽게 알아챈다.

4. 상냥한 말투와 함께 배려를 잘한다.

5. 선생님과 부모를 기쁘게 하려고 노력한다.

6. 자기의 할 일을 잘 알아서 한다.

7. 양보를 잘하고, 순종적이다.

8. 잘 웃고 심부름도 잘한다.

9. 아이처럼 징징댈 때가 있다.

10. 겁이 많아서 잘 놀라며 잘 운다.

11. 비난에 민감하여 감정의 상처를 많이 받는다.

12. 양육자를 졸졸 따라다니고 의지한다.

13. 자신에게 애정이 오지 않으면 질투가 심할 수 있고 화를 낸다.

14. 걱정이 많다.

15. 사람들 눈치를 많이 보며 부정적 마음을 표현하기 어렵다.

체크된 개수

TEST 블루 마음

1. 배움을 좋아하는 모범적인 아이다.

2. 질문을 많이 하며 언어소통 능력이 있다.

3. 약속을 잘 지킨다.

4. 어른들에게 신뢰감을 준다.

5. 친구들에게 배려를 잘하고 잘 돕는다.

6. 애어른처럼 성숙한 말과 행동을 한다.

7. 칭찬받고 인정받기 위해 노력한다.

8. 정리 정돈을 잘하고 맡은 일에 책임감이 강하다.

9. 다른 사람 눈치를 많이 본다.

10. 쉽게 실망하고 우울해한다.

11. 감정 표현을 잘하지 않는다.

12. 소심하고 의심이 많다.

13. 원칙대로 행동하며 어른들의 잘못을 지적할 때가 있다.

14. 실수를 두려워한다.

15. 잘할 수 없을 것 같으면 시작하지 않는다.

체크된 개수

TEST 오렌지 마음

1. 친구들과 노는 것이 최우선이다.

2. 다른 사람 말을 쉽게 믿는다.

3. 친구들에게 인기가 많고 나누어 주는 것을 좋아한다.

4. 별거 아닌 것에 많이 웃고 유머 감각이 있다.

5. 창조적이며 체험하고 만드는 것을 좋아한다.

6. 승부욕이 있어, 지고 싶지 않아 한다.

7. 주목받는 것을 즐긴다.

8. 활달하고 유쾌하며 다방면의 친구들과 다 잘 지낼 수 있다.

9. 호기심이 많아서 산만하고 집중하는 것이 어렵다.

10. 끝까지 못 하고 중간에 포기하는 활동이 많다.

11. 혼자 있는 것을 너무 싫어한다.

12. 칭찬과 보상을 중시한다.

13. 잘 토라진다.

14. 반복되는 활동을 싫어한다.

15. 급해서 말을 더듬거리거나 말실수를 한다.

체크된 개수

TEST 마젠타 마음

1. 친구들을 잘 포용하고 이끌 수 있다.

2. 예의가 바르고 타인을 잘 돕는다.

3. 자신의 역할에 대한 책임감이 강하다.

4. 긍정적인 자신감이 넘친다.

5. 리더십이 있어 친구들이 잘 따른다.

6. 세심한 배려를 할 수 있다.

7. 작은 것에도 감사를 잘한다.

8. 자존심이 세다.

9. 내 맘대로 안되면 화를 많이 낸다.

10. 공감받지 못하고 혼나면 분노한다.

11. 근거 없는 자신감으로 노력하지 않는다.

12. 자랑을 잘한다.

13. 스스로 판단하고 결정한다.

14. 욕심이 많다.

15. 늘 밖에서 노는 것을 좋아한다.

체크된 개수

TEST 터콰이즈 마음

1. 스킨십을 좋아하지 않는다.

2. 창의적인 아이디어가 있다.

3. 관심 있는 것에 집중을 잘한다.

4. 독립적이다.

5. 혼자 노는 것을 힘들어하지 않는다.

6. 정리 정돈을 잘한다.

7. 자기 생각을 솔직하게 표현한다.

8. 자기만의 생각이 뚜렷하다.

9. 다른 친구와 똑같은 것을 갖는 걸 싫어한다.

10. 승부욕이 많다.

11. 잘못을 인정하지 않는다.

12. 친구의 마음을 생각지 않고 냉정하게 말할 수 있다.

13. 보상과 선물을 좋아한다.

14. 좋아하는 친구만 어울린다.

15. 사람들이 많은 곳을 겁낸다.

체크된 개수

TEST 블루그린 마음

1. 자기 할 일을 잘한다.

2. 친구를 잘 도와준다.

3. 신중한 성격이라 실수하지 않는다.

4. 인내심이 강하다.

5. 자기 자신을 사랑한다. 힘들면 안 한다.

6. 성실하게 꾸준히 해내는 힘이 있다.

7. 친구들에게 친절하게 조언한다.

8. 좋아하는 것을 오래도록 끝까지 한다.

9. 낯가림이 심하다.

10. 변화를 두려워 한다.

11. 고집이 세다.

12. 새로운 경험을 하기 위해 시간이 필요하다.

13. 게으르고 잠을 많이 잔다.

14. 생각을 말하기 어려워한다.

15. 지각을 잘한다.

체크된 개수

TEST 레드 마음

1. 활동적이며 움직임이 크다.

2. 약한 친구들을 돕고 싶어 한다.

3. 승부욕이 강해서 무엇이든 열심히 한다.

4. 리더십이 있다.

5. 시작한 일은 끝까지 해낸다.

6. 체력이 좋아서 지치지 않는다.

7. 행동이 빠르다.

8. 의리가 있다.

9. 게임에서 지면 울어버린다.

10. 하고 싶은 것을 바로 하려고 한다.

11. 공격적인 행동이 나타난다.

12. 자기주장이 강하다.

13. 잘난 척한다.

14. 고집이 세다.

15. 목표가 없으면 무기력하다.

체크된 개수

TEST 골드 마음

1. 매우 긍정적인 마음으로 리더십이 있다.

2. 호기심이 많다.

3. 도전을 좋아한다.

4. 다양한 것을 배우고 싶어 한다

5. 낙천적이며 친구들에게 나누기를 좋아한다.

6. 계획을 잘 세운다.

7. 발표나 토론을 잘한다.

8. 결과물을 빨리 낼 수 있다.

9. 행동이 빨라서 실수를 저지른다.

10. 쉽게 화를 낼 수 있다.

11. 승부욕이 강해서 지면 이길 때까지 게임한다.

12. 잘못을 인정하지 않는다.

13. 못 하는 친구를 무시할 때가 있다.

14. 뜻대로 안 되면 불안해한다.

15. 많은 것을 무리하게 하려고 한다.

체크된 개수

TEST 인디고 마음

1. 생각을 많이 한다.

2. 책을 유독 좋아한다.

3. 조용한 활동 중심으로 논다.

4. 이해가 빠르고 똑똑하다.

5. 궁금한 것을 끝까지 알아내려고 한다.

6. 어른스럽다.

7. 약속을 잘 지킨다.

8. 과제를 성실하게 마무리한다.

9. 화가 나면 오래도록 마음을 풀지 않는다.

10. 타인의 잘못을 정확하게 지적한다.

11. 많이 참아내서 속마음을 표현하지 않는다.

12. 고집이 세다.

13. 충고를 잘 받아들이지 않는다.

14. 냉정하고 차갑게 말한다.

15. 머리가 자주 아프다고 한다.

체크된 개수

TEST 퍼플 마음

1. 상상력이 뛰어나다.

2. 아이디어가 많다.

3. 독특한 유머와 위트가 있다.

4. 예술 감각이 있어 다양한 재능을 가진다.

5. 자존감이 높다.

6. 포용을 잘하고 봉사도 잘한다.

7. 집중을 잘한다.

8. 자기만의 패션 감각이 있다.

9. 감정 기복이 심하다.

10. 자기 생각을 논리적으로 말하지 못한다.

11. 정리 정돈을 어려워한다.

12. 꿈은 많은데 구체적이지 않다.

13. 예민하고 불안함을 잘 느낀다.

14. 가끔 우울해하고 말을 하지 않는다.

15. 사소한 것에 상처받는다.

체크된 개수

(숫자가 같으면 같이 기록하고 12가지 컬러 중 모든 컬러를 다양하게 쓰고 있다면 성격이 어른스럽다고 볼 수 있다. 궁극적인 목표는 두루두루 다양한 컬러의 긍정적인 성격들을 흡수함으로 우리 아이들이 앞으로 살아가야 할 많은 인간관계에서 인간관계의 호신술처럼 상처받지 않고 이해하며 협력하고 융합할 수 있는 인재로 성장하는 것이다.)

7세 이후 아이들은 설문지를 통한 방법도 선택할 수 있다.
- 결과에서 가장 숫자가 많은 색을 순서대로 3번까지만 선택한다.

1. 첫 번째로 많이 나온 컬러 (   )
2. 두 번째로 많이 나온 컬러 (   )
3. 세 번째로 많이 나온 컬러 (   )

세 가지의 마음을 제일 많이 이용할 수 있다.
감정이 순식간에 변할 수 있듯이 좋아하는 컬러는 그때그때마다의 심리를 반영한다.

승부욕이 강한
레드 아이

레드 에너지가 많은 아이는 일등이 되고 싶은 아이다. 체력도 강하다. 활동을 많이 해도 지치지 않는 반면 엄마들은 레드 아이의 호기심과 활동력에 지친다. 낮잠도 잘 자지 않는다. 에너지가 많아서 엄마들은 태권도 학원에 보내서 아이의 에너지가 소진되기를 바라기도 한다. 레드 아이는 무엇인가 하고 싶으면 바로 해야 한다. 기다리는 것을 너무 힘들어해서 엄마랑 종종 싸운다.

레드 아이는 기다리라고 하는 엄마가 너무 싫다. 목표가 생기면 물불 안 가린다. 지치지 않는 에너자이저인 레드 아이 성호는 친구가 축구를 더 잘하는 것이 화가 난다. 나보다 공부도 못하고 열등하다고 생각하는 친구인데 축구를 잘해서 인기가 많다.

성호는 친구보다 잘하고 싶은 욕심이 생겼다. 그래서 아빠를 졸라서 축구 연습을 한다. 피곤한 아빠는 '조금만 놀아주면 되겠지'라고 생각을 했지만, 성호는 지치지 않는다. 늘 아빠가 먼저 지쳐서 그만하자고 한다. 성호는 화가 잔뜩 나서 툴툴거린다.

"친구보다 더 잘해야 하는데 아빠가 안 도와줘." 성호는 자기 방에서 무릎으로 공을 치는 연습을 하다가 스탠드를 깨뜨리는 등 자신의 불만을 표시한다. 레드 아이는 자아가 강하고 자신의 감정을 겉으로 드러낸다. 엄마의 큰소리가 나면서 관계의 전쟁은 하루에도 여러 번 일어난다.

레드 에너지가 강한 아이들은 목표가 생기면 다른 것을 생각하지 못한다. 그래서 얻고자 하는 것을 위해 최선을 다한다. 부모가 기다리라는 말과 생각하고 행동하라는 말을 제일 싫어한다. 레드 아이는 결과 지향적이다. 성취를 즐기고 화끈한 행동과 솔직한 책임감은 친구들의 주목을 받는다. 강한 리더십이 있어서 골목대장 역할이 어울린다.

레드 아이들은 당연하게 생각하는 것들에 거부반응을 일으킨다. 규칙이나 틀에 박힌 것들을 좋아하지 않고, 짜증과 화를 내며 사소한 규칙을 거부한다. 내 맘대로 안 되면 불같이 화를 잘 내고 욕을 하기도 한다. 가끔 못된 행동을 보이는 것은 성격이 급한 이유다. 레드 아이는 생각하고 행동하기보다는 행동하고 생각한다. 그래서 실수를 잘 저지르고 혼나는 일이 많다.

불공평이나 부당한 대우에 크게 화를 낸다. 공격적인 언어로 부모에게 대들기도 한다. 선생님에게도 자기 논리를 거침없이 펼치고 자기 주장을 내세움으로 어른을 당황하게 한다. 호불호가 뚜렷하고 원하는 것이 있으면 들어줄 때까지 조르는 아이다. 좋은 행동을 했을 때 즉각적인 보상을 바라고 나중에 해준다는 말을 믿지 않는다.

레드 아이는 결론부터 말해주는 것이 좋다. 차근차근 서론, 본론, 결론으로 이야기하며 혼내거나 설명하면 답답해한다. 결론부터 이야기해줘야 얼굴이 찡그려지지 않는다. 우물쭈물하거나 우유부단한 모습을 좋아하지 않는다. 정확하고 명료하게 전달해야 한다. 생활에 있어서 작은 목표와 큰 목표를 세워주면 쉽게 목표를 달성하는 아이다. 목표가 없으면 무기력에 빠질 수 있다.

레드 에너지를 외향적으로 쓰는 아이가 있는 반면 내향적으로 쓰는 아이도 있다. 부드러운 카리스마처럼 활동성은 많지 않으나 승부욕이 강해서 눈빛이 매서운 아이들이다. 요란하게 승부욕을 드러내기보다 조용하게 이기기 위해 노력하는 아이들도 또 다른 레드 에너지를 쓰는 것이다.

레드 아이들은 성취감을 느끼고 목표를 이루는 것을 즐긴다. 아이가 공격적이거나 화를 잘 낼 때는 이유가 있다. 명령하는 어조보다는 부탁하는 어조가 훨씬 효과적이다. "책상 좀 치워!"보다는 "책상 좀 치워 줄래?"가 마음을 움직일 것이다. 약한 친구에게 마음이 움직이고 강한 친구에 대한 정의감이 있다. 그래서 부모가 권위적으로 강하게 나오면 저항하는 힘이 세질 수도 있음을 유의해야 한다.

레드 아이의 활동성을 인정해주고 운동으로 몸을 움직여 에너지를 발산할 수 있도록 돕는다. 승부욕이 강하므로 조절할 수 있도록 도와주고 져서 속상한 마음 또한 수용하는 태도를 가르친다. 처음엔 힘들어 하고 받아들이지 않지만, 어느 순간 넉넉한 마음으로 상대방을 격려할 수 있는 마음이 생긴다. 게임에서 지는 것을 인정하는 법도 가르쳐야 한다.

레드 아이의 주된 그림자 마음은 화를 내는 감정일 것이다. 부모들은 아이들의 부정적인 감정을 받아들이려고 하지 않는다. 아이도 부모와 같은 감정을 가졌음을 잊지 말아야 한다. '왜 화를 내?', '소리지르지 마!', '짜증내지 마' 등의 말로 감정을 억압하지 말고 화나고 짜증스러운 마음이 어떻게 하면 풀어질 수 있는지 대화를 해보자.

영유아 아이들에게는 그 감정을 억압하기보다는 풀 수 있는 대안을 제시해줘야 한다. 이불 위에서 화가 풀릴 때까지 발 구르기, 오뚜기 샌드백 때려주기, 비닐 봉투에 소리지르고 화낸감정 꼭꼭 싸서 버리기 활동 등 아이의 감정을 풀 수 있는 방법을 제시해주어야 한다.

이런 부정적인 감정들을 현명하게 처리할 수 있도록 도와준다면 엉뚱한 화풀이나 타인에게 피해를 주는 행동은 하지 않을 것이다. 초중고 아이에게도 아이 스스로 화가 풀리는 방법들을 생각하게 함으로 여러 대안책을 이야기해보는 것이 좋다. 자신의 감정을 잘 다스릴 수 있는 아이는 자신의 감정을 적절하게 잘 표현할 수도 있다. 레드 아이는 급한 성격에 행동이 앞서서 후회하는 일이 많다.

레드 에너지가 너무 많은 아이가 힘겹게 느껴진다면 균형을 맞춰주는 컬러는 그린이나 블루그린 컬러의 에너지가 필요하다. 안정감과 편안함을 느낌으로 조화를 이룰 수 있게 돕는 컬러이므로 아이의 소품이나 옷, 가방 등 그리고 이불이나 벽지를 이용해서 에너지가 완화될 수 있도록 도와준다.

- 동기 유발이 될 수 있는 것을 찾는다.
- 즉각적인 인정과 보상이 필요하다.
- 나보다 잘하는 친구와 함께 하는 것이 좋다.
- 작은 목표를 세워서 목표달성을 위한 성취감이 들도록 한다.
- 놀거나 학습하는 시간을 본인이 계획하도록 한다.
- 미래의 비전을 제시하고 그에 따른 단기, 중기, 장기 계획을 수립한다.
- 맡겨진 숙제나 해야 할 일은 꼭 하게 한다.
- 시간을 정해주고 그 안에 할 수 있는 양만큼 도전하게 한다.

그림책을 통한 레드 감정 테라피

《소피가 화나면, 정말 정말 화나면》
지은이 : 몰리 뱅
그린이 : 몰리 뱅
옮긴이 : 박수현
펴낸 곳 : 책 읽는 곰

엄마 톡 - 엄마가 말해요

소피가 고릴라 인형하고 재밌게 놀고 있는데 언니가 빼앗았어요.

엄마까지도 언니 차례라고 말을 해서 소피는 화가 많이 났지요.

발을 구르기도 하고 소리도 지르며 빨간 화를 표현하였습니다. 소피는 끓어
오르는 화를 참지 못해서 달리고 또 달려갔어요. 숲으로 달려간 소피는 잠깐 울

기도 했답니다.

문득 소피는 숲속의 새소리도 듣고 나무 위도 올라가 보고 바람도 느꼈어요. 나무 위에서 본 그린 세상은 편안했어요. 기분이 좋아진 소피는 나무에서 내려와 집으로 가지요. 집에서는 맛있는 냄새가 나고 가족들은 소피를 반겨주었어요. 이제 소피는 화가 나지 않아요.

아이 톡 - 아이가 생각을 말해요

- 너는 화가 날 때 어떻게 행동하는 거 같아?

- 소피의 표정을 보면 어떤 기분이 들어?

- 소피는 왜 화를 내는 거 같아?

- 화를 내고 난 후 기분은 어때?

- 어떻게 하면 화가 풀리는 것 같아?

- 엄마, 아빠에게 제일 화가 날 때는 언제야?

- 소피가 화내고 뛰어나갔을 때 언니와 엄마의 마음은 어떤 거 같아?

- 화가 났을 때 어떤 색으로 색칠하고 싶어?

컬러 톡 - 컬러가 말하는 감정 이야기

이 책은 레드 아이의 성향을 보여줍니다. 화가 나면 바로 소리를 지르고 공격적이고 분노를 참지 못해 씩씩거려요. 레드 성향은 그 화나는 순간만 잘 참아내면 다시 이성이 돌아온답니다. 내 아이가 레드 성향이 강하다면 억울한 마음, 화나는 마음을 잠시 표현할 수 있게 기다려 주세요. 실컷 화를 내고 난 다음에 화난 감정에 대해 공감 먼저 하고 이야기해보세요.

아이가 소리를 지르거나 화를 내고 있을 때 설교나 충고 같은 조언은 듣지 않습니다. 더 화를 나게 만들 수 있어요. 이성적인 감정이 아니기에 잠시만 기다려주세요. 감정이 가라앉고 그때 이야기하면 솔직한 레드 아이는 부모의 말을 인정하고 받아들일 것입니다.

이성을 찾고 생각을 바꿀 수 있습니다. 엄마는 '언니 차례'라고만 말했기 때문에 더 속이 상했지요. 엄마가 말할 때 "언니가 뺏어서 속상했지?"라고 한마디를 먼저 했다면 소피가 그렇게까지 화가 나진 않았을 거예요. 부모들은 부모의 이야기를 하기 전에 아이의 감정을 먼저 읽어주는 연습을 한다면 아이와의 관계는 아주 행복해집니다. "그다음 언니 차례니까 조금만 기다려 줄래?"라고 말했다면 어땠을까요. 레드 아이에게는 명령보다는 권유나 부탁하는 말로 이야기해야 소통이 잘됩니다.

아이에게 질문을 통해서 자신의 화내는 감정을 이야기로 할 수 있다는 것을 자연스럽게 가르쳐줍니다. 자신의 마음을 들여다보고 왜 화가 나는지 알게 합니다.

내가 화를 내면 다른 사람의 마음은 어떤지 생각해보게 하는 그림책입니다. 어른도 때로는 내 마음이 왜 화가 나는지 말로 설명하지 못하고 좋지 않은 언행으로 표출할 때가 있습니다. 화내는 감정에 대해 아이와 톡톡, 이야기해보세요.

친구가 제일 좋은
오렌지 아이

오렌지 에너지를 많이 가지고 있는 진희는 친구들과 노는 시간이
제일 행복하다. 친구들 사이에 인기가 많은 진희는 늘 나가 놀다가 늦
게 집에 들어간다. 엄마는 그게 불만이다. 해야 할 숙제를 먼저 했으면
하는데 숙제는 뒷전이다. 그런데 진희만 보면 웃음이 나온다. 진희는
작은 일에도 잘 웃는다. 밝고 순수한 아이처럼 웃음이 많다. 그래서 엄

마는 혼내다가도 픽 하고 웃는다. 진희는 웃기는 말과 행동으로 친구들을 즐겁게 만든다. 그들의 웃음이 진희를 행복하게 만든다. 진희는 친구들을 웃기기 위해 더 노력한다.

호기심 많은 진희는 친구들과 다양한 활동이나 게임 하는 것을 좋아한다. 경쟁의식이 있고 일상생활에서도 도전하는 마음이 있다. '오늘은 자전거를 탔으니 내일은 줄넘기해야지', '어제는 줄넘기 10분, 오늘은 15분 동안 걸리지 않고 해볼 거야' 등등 스스로와 게임하듯 도전한다. 여러 가지 체험을 즐기는 오렌지 에너지를 가지고 있는 진희는 일상의 작은 행복을 실천하는 아이다. 오렌지 아이는 오래 생각하지 않는다. 친구들이 찾거나 놀자고 할 때, 하고 싶은 일이 생각나면 곧바로 한다. 그래서 친구들은 거절하지 않는 진희를 매번 불러낸다.

오렌지 아이는 눈을 마주치고 이야기를 들어주길 원한다. 미주알 고주알 있었던 일을 재밌게 엮어 이야기를 만들어 낸다. 표현력이 뛰어나 생생하고 재밌게 전달하며, 정보가 있다면 바로바로 이야기해서 같이 공유하고 무엇인가를 하길 원한다. 혼자 있는 것을 싫어해서 늘 누군가와 함께하길 원한다.

칭찬을 좋아하는 오렌지 아이는 순수하다. 부모나 선생님께 칭찬받을 때 제일 행복하다. 친구들의 주목을 받을 때도 너무 좋아서 흥분한다. 그로 인해 때로는 실수를 저지르기도 한다. 모든 컬러 아이들이 칭찬을 좋아하지만, 오렌지 아이는 그 기분을 잘 표현한다. 지금, 이

순간의 좋은 기분을 언어로 즉각 표현하고 행복을 전할 수 있는 기질이다.

오렌지 아이들은 재미있는 이야기나 즐거움으로 주목받기를 원한다. 그래서 다른 친구들에게 말할 기회를 주지 않는다. 재미있는 이야기도 여러 번 들으면 재미가 없다는 사실을 순간 잊는다. 때로는 분위기를 썰렁하게 만들기도 한다.

진희의 책상은 엉망이다. 옷은 여기저기 흩어있고 책들은 난장판이다. 책을 한 권씩 읽고 책장에 꽂으라고 그렇게 잔소리해도 소용없다. 한 권을 끝까지 읽기보다 여러 권을 한꺼번에 본다. 보고 싶은 것만 읽는 진희는 널브러진 동화책이 자랑스럽다. 왠지 책을 많이 읽은 자신이 대견하고 뿌듯하다. 그런데 엄마는 인상을 찡그린다. 여러 권을 대충대충 빨리 읽었다고 생각하는 엄마가 때론 못마땅하다.

오렌지 아이는 운동, 게임, 규칙 등 활동의 습득이 매우 빠르다. 이기고 싶어 하는 마음이 강해서 지면 이길 때까지 계속하기를 원한다. 그러나 흥미가 사라지면 포기도 빠르다. 무엇인가 오래도록 지속하는 힘이 부족하다. 빨리 결정하고 행동하는 것을 좋아하는 오렌지 아이는 느리게 행동하는 친구들을 보면 몹시 답답하게 여길 때가 있다.

설명도 차근차근 듣는 것보다 결론부터 듣기를 원해서 잘못 파악을 하고 실수할 때가 많다. 하고 싶은 말이 있는데 마음이 급해지면 말을 더듬기도 한다. 스스로 너무 답답할 때는 욱하는 감정을 드러낼 때가 있다.

오렌지 아이는 책임감이 부족하다. 시작은 잘하지만, 자신이 책임지는 것은 원치 않는다. 무거운 분위기를 싫어해 진지한 대화는 거부하려고 한다. 무거운 주제라도 가볍고 즐겁게 대화를 시도하는 것이 좋다.

나쁜 것에 빠지기 쉽고 헤어나오기 어려운 기질이다. 큰소리로 혼내는 것보다 달래고 칭찬하며 어린애 다루듯이 하는 양육법이 더 효과적이다. 사교성이 좋고 주는 것을 좋아하기 때문에 용돈 관리를 도와주어야 한다. 칭찬을 이용해서 자극을 주는 것이 제일 좋은 방법이다. 그에 따른 보상이 있다면 더 열심히 하는 순수한 아이다. 오감의 감각을 가장 잘 느끼는 아이들이다. 그들의 감각적인 놀이와 감성을 존중하자. 조금은 산만해 보이고 인내심이 부족한 듯 느껴지지만 다양한 호기심과 재미를 추구하는 창의성과 순발력을 칭찬하자.

오렌지 아이의 균형을 맞추는 컬러 에너지는 블루다. 오렌지 아이가 산만함을 절제할 수 있도록 도와주는 컬러다. 이성적으로 사고하고 합리적으로 결정할 수 있도록 균형을 잘 잡게 도와준다.

오렌지 아이의 학습 포인트

- 스스로 목표설정을 하도록 돕는다.
- 친구들과 같이하는 체험형과 토론형 수업이 좋다.
- 칭찬과 보상이 필수적이다.
- 놀 수 있는 시간과 학습 시간을 본인이 계획하도록 한다.
- 장시간 학습할 수 없으므로 쉬는 시간을 자주 준다.
- 필기, 만들기 등 손으로 하는 창조적인 일을 찾도록 돕는다.
- 일관된 원칙을 정하고 행동으로 실행할 수 있도록 한다.
- 과제를 나누어서 조금씩 여러 번 할 수 있도록 한다.

그림책을 통한 오렌지 감정 테라피

《행복은 내 옆에 있어요》
지은이 : 신혜은
그린이 : 김효은
펴낸 곳 : 시공주니어

엄마 톡 – 엄마가 말해요

봄이는 슬퍼요. 기운도 없고 밥도 먹기 싫어합니다. 엄마는 봄이에게 행복을 찾아보자고 제안합니다. 행복은 봄이가 부르면 금방 나타난다고 말해주지요. 순수한 봄이는 "행복아, 어디 있니?"라고 불러보지만, 대답이 없어요. 엄마는 과자를 먹어보면서 부르자고 합니다.

과자를 먹으며 웃으려고 하는 봄이에게 말합니다. 행복이 봄이 입에 온 거 같다고 말입니다. 그래서 봄이가 웃으려 한다고 하니 봄이는 입에 행복이 왔다고 생각합니다. 봄이는 엄마 말이 맞는다고 생각했지요.

행복은 늘 봄이 옆에 있어서 공놀이 할 때는 발끝에 있고요. 자전거 탈 때도 놀이공원에 가서 놀 때도 행복이 옆에 있었다는 것 알아요. 빗속을 걸으면 행복도 따라 걷지요. 봄이는 자기 손에 행복이 있음을 알고 엄마의 행복은 어디 있는지 물어봅니다. 엄마의 감동적인 대답은 이렇습니다. "엄마의 행복은 너란다."

아이 톡 – 아이가 생각을 말해요

- 너는 무엇을 할 때 즐거운 기분이 들어?
- 집에서 제일 재밌는 활동은?
- 내가 기분 좋아지는 방법은 몇 가지일까?
- 엄마는 언제 기분이 좋아질까?
- 아빠가 행복할 때는 언제일까?
- 내 마음의 주인은 누구일까?
- 가장 신나고 즐거웠던 추억은 무엇이니?
- 좋아진 기분을 어떤 색으로 색칠하고 싶어?

컬러 톡 –컬러가 말하는 감정 이야기

어른들도 늘 행복하고 기분이 좋을 수는 없습니다. 아이도 똑같아요. 가끔 엄마들은 아이도 나와 같은 감정이 있다는 것을 잊어버립니다. 우리 아이는 무조건 웃어야 하고 즐거워야 한다고 생각합니다. 그래서 아이의 부정적인 감정을 공감하기 어려워해요. 아이의 부정적인 감정을 아이가 들여다 볼 수 있는 기회를 주세요. 그리고 어떻게 하면 기분이 좋아질 수 있는지 물어봐 주세요. 아이 스스로 감정을 조절하는 힘을 배울 수 있습니다. 아이의 부정적인 감정을 오감으로 느끼면서 행복함을 찾게 도와주는 책입니다.

오렌지 아이는 오감으로 느끼고 표현하고 행동하는 것을 좋아해요. 무엇이든 경험하고 재미를 추구하는 아이이므로 호기심을 채울 수 있도록 도와주는 것이 좋아요. 부모 관점에서 다양한 것을 즐기는 오렌지 아이가 산만하게 보일 수 있지만, 아이의 호기심은 아이 스스로가 느끼는 가장 큰 행복이라는 것을 잊지 말아야 합니다. 아이와 같이 오감을 느끼며 행복함을 톡톡 이야기해보세요.

아이는 거울 효과로 엄마의 감정과 표현법을 닮아갑니다. 많은 것을 해주고 싶고 기대하는 만큼 따라오지 않아 양육에 대한 스트레스를 심하게 느끼고 계신가요? 찡그리는 얼굴을 보여주기보다 실수가 많고 부족해도 많이 웃어주는 부모의 얼굴이 가장 멋진 교육입니다. 아이가 힘들어도 웃으며 세상을 이길 수 있는 힘을 가르쳐주니까요.

인정받고 싶은
옐로우 아이

아름이는 햇살같이 따뜻하고 똑소리 나는 아이다. 친구들에게 불리는 꼬마 선생님이다. 선생님의 지시를 대신 전달하기도 하고 선생님이 가르쳐주신 대로 행동한다. 아름이는 호기심이 많다. 특히 무엇인가가 궁금한 것이 생기면 끊임없이 질문한다. 그리고 아는 것을 열심히 친구들에게 전달하고 인정받기를 원한다. 아름이는 인정받는 것을 좋아하다 보니 자신이 못하는 것을 하게 되면 위축된다.

아름이는 그림 그리는 시간이 제일 싫다. 어떻게든 잘 그려서 선생님께 칭찬을 받고 싶지만, 도화지만 보면 머릿속이 하얘진다. 친구들이나 선생님이 뭐라고 할까 봐 진땀이 난다. 아무것도 그릴 수 없어 표정이 굳은 아름이에게 선생님은 말한다. "아름이가 오늘 그리고 싶지 않은가? 아름아, 선생님하고 같이 그릴래?" 아름이 엄마로부터 이야기를 들은 선생님은 아름이 도화지에 동그라미를 그린다. 그리고 아름이 손을 잡고 눈도 그리고 손도 그렸다.

아주 못생긴 그림이 완성되었다. 그런데 선생님이 아름이와 손바닥을 마주치며 "와! 세상에서 제일 못생긴 친구를 우리가 완성했네. 너무 재밌다. 또 다른 못난이 인형을 만들까?" 거침없이 아무렇게 그려가는 선생님의 손길, 못생기게 그려도 된다는 것을 느꼈다. 잘하는 모습을 보이고 싶었던 아름이는 자신 있게 선을 그으며 선생님보다 더 못생긴 그림을 그려본다. 그리고 서로 웃었다. 친구들도 따라 한다. 옐로우 에너지를 많이 가지고 있는 아이는 다른 아이들보다 잘하고자 하는 욕심이 많다. 못하는 것에는 의기소침해 하는 경향이 있다.

동전의 양면성과 같이 인정받고 싶은 욕구가 강한 옐로우 아이는 그 마음 때문에 걱정 근심도 많다. 잘하고 싶은 마음과 비례해서 못하면 어떻게 할지 불안해한다. 생각이 많은 옐로우 아이는 감정이 쉽게 상처받는다. 타인의 눈빛에 예민하다. 특히 인정받고 싶은 대상의 반응에 더욱 민감하다.

시원이는 숙제를 아주 잘해가는 모범생이다. 엄마는 시원이가 워낙 알아서 잘하니까 시원이의 불안감을 알지 못했다. 학원도 빠지지 않고 준비물도 알아서 챙기는 아이다. 모든 엄마가 부러워하는 엄친딸이다. 그런데 어느 날 시원이가 한숨을 자주 쉬는 것을 알았다. 엄마는 시원이의 버릇처럼 나오는 한숨의 이유를 물었다. "공부하기가 너무 싫어요", "그래. 그럼 하지 말고 오늘은 쉬어. 학원도 쉬는 건 어때?", "안 돼요. 선생님께 혼나요. 난 혼나는 것이 너무 싫어요"라고 말한다. 아이는 강박관념처럼 누군가에게 혼나는 것을 너무 두려워하고 있었다. 엄마에게도 잔소리 듣기 싫어서 뭐든지 미리 해놓는다고 한다.

시원이 엄마는 잔소리가 많은 편이 아니다. 그런데 시원이는 엄마의 흔들리는 눈빛조차 받아들이고 싶지 않다는 것이다. 공감받고 지지받고 싶은 에너지를 가지고 있는 시원이에게 엄마는 말한다. 눈치가 빠른 아이는 어른들이 잘하는 것을 좋아한다고 생각했다. 늘 받는 칭찬이 올무가 되어서 자신을 스스로 힘들게 했다.

엄마는 아이의 마음에 공감하고 어린 시절 실수투성이인 자신의 이야기를 들려주었다. 더 잘하고 싶은 옐로우 아이의 마음을 인정해주었다. 가끔은 실수해도 상관없고 잘못해도 변함없이 예쁜 딸임을 알려주면서 눈물이 났다. 왜냐 하면 입으로는 괜찮다고 말하면서 눈으로 꾸짖은 자신의 모습이 생각났기 때문이다. 레드 기질 아이라면 화를 내거나 짜증을 냈을 것이다. 옐로우 아이는 타인 관계 중심이다 보니 부모나 교사의 인정이 중요한 아이다. 그래서 더 스트레스를 많이 받을 수 있다.

옐로우 아이는 따뜻하고 긍정적이지만 감정 기복이 심할 수 있다. 자신이 빛나지 않으면 불안하고, 형제가 모두 옐로우 기질이라면 서로 질투할 수 있다. 칭찬을 먹고 자라는 아이, 모든 아이가 칭찬을 좋아하겠지만 늘 확인받고 싶어 한다. 본인이 주목받고 있다는 느낌이 들게끔 구체적인 칭찬을 통해 자신감을 높여주자. 옐로우 아이는 감정의 공감을 원한다.

감정의 기복이 생길 때마다 그 감정을 인정만 해줘도 스스로 문제를 해결해나갈 것이다. 새로운 것을 좋아하므로 아이의 지적 호기심을 충족시켜 주면 좋다. 새로운 것을 좋아하는 것만큼 쉽게 질리는 부분도 이해하자. 아이가 우울하거나 정신적으로 지쳐있을 때 새로운 놀이, 새로운 환경, 새로운 장소로 기분전환을 시켜주면 좋다.

옐로우 아이의 균형을 맞춰주는 컬러는 인디고다. 새로움을 추구하고 다양한 방면에 호기심이 많은 반면 깊게 파고들어갈 수 있는 직관적인 사고력에 인디고가 도움이 된다.

- 새로운 것에 대한 흥미가 강해 예습 위주의 학습이 효과적이다.
- 인정해주고 칭찬해주면 더 열심히 한다.
- 관심 있는 것이 있으면 깊게 공부할 수 있도록 질문을 많이 던진다.
- 발표하게 하거나 설명해 달라고 부탁한다.
- 다양한 호기심을 채울 수 있도록 많은 경험과 격려가 필요하다.
- 목표지향형이므로 목표를 설정할 수 있도록 돕는다.
- 다른 사람의 눈을 의식하므로 친구들과 같이 수업 받는 것이 좋다.
- 부모보다 타인의 칭찬이 효과적이다. 특히 선생님의 격려는 큰 도움이 된다.

그림책을 통한 옐로우 감정 테라피

《세상에서 가장 아름다운 달걀》
지은이 : 헬매 하이네
그린이 : 헬매 하이네
옮긴이 : 김서정
펴낸 곳 : 시공주니어

엄마 톡 – 엄마가 말해요

화사한 깃털을 가지고 있는 아가씨와 늘씬한 다리를 가지고 있는 아가씨 그리고 멋있는 볏을 가지고 있는 아가씨가 다투고 있습니다. 자기가 가장 예쁘다면서요. 그러나 좀처럼 우열을 가릴 수 없어서 임금님을 찾아갔습니다.

그리고 임금님에게 물었지요. 임금님은 세상에서 가장 아름다운 달걀을 낳은 닭이 최고라고 말했습니다. 그리고 그 닭을 공주님으로 삼겠다고 하자 닭들은 각자 아름다운 달걀을 낳기 시작했어요.

화사한 깃털 아가씨는 아주 하얗고 예쁜 달걀을 낳았어요. 늘씬 다리 아가씨는 제일 큰 달걀을 낳았고요. 멋있는 볏 아가씨는 네모반듯하고 각 면의 색이 다른 독특한 알을 낳았습니다.

임금님은 고민했어요. 모두 멋진 달걀이었으니까요. 임금님은 고민하다가 하나만 고르기에 너무 힘들었어요. 그래서 세 닭을 모두 공주로 삼았습니다.

아이 톡 - 아이가 생각을 말해요

- 너는 어떤 닭 아가씨의 알이 마음에 드니?
- 나를 자랑하고 싶은 것은 무엇이니?
- 친구들의 좋은 점을 말해줄래?
- 질투가 나는 친구가 있니?
- 서로가 최고라고 우기는 닭들에게 해주고 싶은 말이 있어?
- 내가 가장 멋진 알을 낳는다면 어떤 알을 만들고 싶니?
- 사람들이 나를 칭찬하고 인정해줄 때 색칠하고 싶은 색은?

컬러 톡 - 컬러가 말하는 감정 이야기

옐로우 아이는 자신이 빛이 되고 싶어 하고 인정받고 싶어 하는 아이입니다. 그래서 부모의 말이나 선생님의 말을 잘 듣지요. 인정받고 싶고 잘하고 싶은 마음이 많은 만큼 불안한 마음도 큽니다. '내가 못 하면 어쩌지? 칭찬받지 못하면 어쩌지'라는 걱정을 많이 할 수 있어요. 그런데 이 두려워하는 마음 때문에 노력을 많이 합니다. 그래서 날마다 조금씩 성장하고 싶은 옐로우 아이는 자신의 모습을 멋있게 만들어 갑니다.

또한 질투가 많아서 나보다 멋진 친구를 보면 부러워하고 의기소침해할 수 있어요. 인간의 아름다움이란 자기만의 다양한 색에서 나온다는 것을 알려줘야 합니다. 다른 친구들은 없는 나만의 모습을 사랑하고 자랑스러워하는 아이로 키워야 해요.

비교하는 부모는 자신을 끊임없이 타인과 비교하는 아이로 만듭니다. 이 세상에 단 한 명밖에 없는 우리 아이는 그 어떤 모습보다 소중하고 아름답습니다. 아이 스스로 자신을 가장 멋지고 소중한 존재로 여기는 자아존중감을 키워주어야 해요. 자아존중감은 인생을 살아가는 데 가장 필요한 마중물 같은 행복의 원천임을 꼭 기억해야 합니다.

아이의 자아존중감과 인정받는 욕구를 위해 구체적인 칭찬을 해주세요. 옐로우 아이는 추상적인 칭찬보다 구체적이고 사실적인 표현에 더 행복해 할 수 있습니다.

따뜻한
그린 아이

안정이는 첫째라 괴롭다. 둘째는 여우짓을 해서 사랑받고 막내는 가장 어려서 사랑받는다. 혼나는 것도 첫째라 많이 혼난다. 다 컸다고 부모님은 안아주지도 않는다. 주렁주렁 매달려 있는 동생들 사이로 비집고 들어가도 안길 자리가 없다. 간혹 안기기라도 하면 "다 큰애가 징그럽게"라며 밀쳐낸다. '내가 뭐 크고 싶어서 큰가?'라고 마음속으로만 궁시렁거린다.

안정이는 잘 참는 아이다. 동생들 때문에 화가 나도 참는다. 엄마, 아빠 때문에 속상해도 참는다. 엄마, 아빠가 혹 싸우시게 되면 중재 역할을 잘한다. 안정이의 소원은 외동아이가 되고 싶다. 동생들의 울음소리도 힘겹고 매일 싸우는 소리에 지친다. 엄마를 위해 막내의 울음도 달래보고 둘째 비위도 맞추다 보면 엄마의 다정한 목소리가 들린다. "우리 큰딸 덕을 톡톡히 보네" 하신다. 엄마가 좋아하니까 참고 도와야 한다고 생각한다.

안정이는 정답고 타인을 배려하는 착한 마음을 가졌다. 낯가림으로 새로운 환경 낯선 환경 새로운 사람들 앞에는 소극적이고 부끄럼도 많지만, 시간이 지나면 친구들에게 신뢰를 받는다. 자기 것을 양보할 줄 알고 주는 것도 좋아하는 아이다. 싸우기보다는 말로 풀고 다독이기 좋아한다. 그린의 긍정적인 빛 에너지를 가지고 있는 아이들은 규칙을 벗어나는 것을 싫어한다. 어른들에게 귀여움을 받고 심부름도 잘해서 칭찬도 많이 받는다. 좋아하고 존경하는 선생님을 만나면 그 선생님을 모델로 삼아 미래를 꿈꾸기도 한다. 주변 환경이 편해야 자신감 있게 공부도 잘할 수 있다.

안정이는 겁이 많다. 새로운 장소와 친구들에게 낯을 가린다. 시간이 좀 지나면 어울릴 수 있지만, 처음에 마음을 여는 것은 어렵다. 안전하고 확실한 것만 추구하는 스타일이다. 부모 권유로 취미활동을 선택할 때도 자신이 배울 수 있다는 자신감이 없으면 시도하지 않는다. 사람들과 같이 있는 것을 좋아하고 그 속에 자연스럽게 섞이는 것을 좋아한다. 관계 지향적이라 외로움을 겪거나 친구 간의 오해가 생기면 잠을 못 잘 정도로 스트레스를 받는다. 친구에게 왕따 당할지도 모른다는 생각이 두렵다. 그 두려움이 예민함으로 변해 우울증이 되기도 한다.

우울하면 대인관계를 거부하고 혼자서 더 외로움을 느끼게 되므로 친구나 가족이 함께하는 것이 좋다. 안정이의 별명은 애어른이다. 애어른같이 걱정과 근심이 많다. 그러다 보니 때로는 부모에게 잔소리하기도 한다. 그러나 부모는 아이의 잔소리가 싫지 않다. 어른스럽고 기특하다고 생각해 칭찬할 때가 있는데 그럴수록 아이는 가족과 친구 문제로 진지해지기 쉽다.

안정이도 화가 날 때가 있다. 친구들에게 잘해주고 도와줬는데 고맙다는 소리를 듣지 못하거나 자기는 도움받지 못할 때 서운함이 쌓인다. 부모가 동생들을 우선하거나 사랑한다고 느낄 때도 말도 못 하고 속으로 끙끙 앓는다. 어릴수록 퇴행 현상을 보이기도 하며 자기에게 관심을 갖게 하려고 토라져 있을 때가 있다. 그러나 마음만 알아주면 금방 풀린다.

결정장애가 있어 우유부단하다고 생각할 수 있다. 자신의 마음에 귀를 기울이지 못하고 타인을 먼저 생각하므로 이러지도 저러지도 못할 때가 많다. 그래서 친구들이 결정하는 대로 따르는 것이 편하다. 부모가 어떤 의견을 물으면 "엄마 마음대로 하세요"라고 말한다.

타인 관계 중심적이며 감정이 섬세한 아이다. 편안하고 부드러운 대화가 필요하다. 친구의 영향을 제일 많이 받으므로 교우 관계를 주시할 필요가 있다. 만나는 친구에 따라 많이 달라지는 성격이다. 주변에 공부를 잘하는 친구들이 많으면 공부에 흥미를 느낀다. 운동을 좋아하는 친구들과 어울리면 운동에 관심을 갖는다.

나쁜 친구들과 어울리지 않는지 알아보는 것이 좋다. 친구들에게 이끌려 갈 수 있기 때문이다. 소심하고 상처를 잘 받는 유형이라 마음을 다치게 하는 강한 명령조의 어투에 거부감을 보인다. 착한 그린 아이들은 자신의 마음을 알아주길 기다린다. 부모는 그린 아이가 너무 참고 양보만 하는 것은 아닌지 그 마음을 살펴줘야 한다.

그린의 균형을 맞추고 우유부단한 성격을 보완할 수 있는 컬러가 레드다. 늘 편안함에 안주하고 겁이 많은 아이에게 열정과 동기부여로 용기 있게 행동할 수 있는 레드 컬러가 도움이 된다.

- 목표지향적이라 구체적인 꿈을 설정한다.
- 공부의 양과 성적의 목표를 설정한다.
- 친구들과 같이하는 그룹수업이 도움이 된다.
- 매일 같은 시간과 같은 공간에서 안정되게 공부할 수 있도록 돕는다.
- 빨리 집중할 수 있도록 자기만의 공부방법을 찾는다.
- 구체적인 예를 드는 것이 도움이 된다.
- 자기가 소화할 수 있는 만큼의 적당한 양을 공부하게 한다.
- 친구들과 함께 글을 쓰거나 토론을 하는 수업이 효과적이다.

그림책을 통한 그린 감정 테라피

《겁쟁이 빌리》
지은이 : 앤서니 브라운
그린이 : 앤서니 브라운
옮긴이 : 김경미
펴낸 곳 : 비룡소

엄마 톡 – 엄마가 말해요

빌리는 걱정이 많은 아이였어요. 많은 것들이 걱정되었어요. 모자와 신발도 걱정이고요. 구름이 우르르 쾅 할까, 비가 많이 와서 넘칠까도 걱정이었어요. 커다란 새가 나타나서 자기를 잡아갈까도 걱정이고요. 빌리의 걱정거리를 들은 엄마와 아빠는 빌리를 위로했습니다.

그런 일은 절대 일어나지 않을 거라고 말이에요. 빌리는 할머니에게도 말했지요. 할머니도 어렸을 때 많은 걱정을 했다고 하며 빌리를 공감해주었어요. 그리고 걱정인형을 선물해주셨지요. 베개 밑에 넣어두고 걱정을 인형에게 말하고 자면 인형들이 대신 걱정을 해준다고 합니다. 빌리는 걱정 인형에게 말하고 며칠 동안 잠을 편하게 잘 수 있었어요. 그런데 며칠이 지나고 빌리는 또 걱정했어요.

자기 대신 걱정할 인형이 걱정되었기 때문이지요. 빌리는 아주 좋은 생각을 했어요. 걱정 인형을 위한 인형을 만들기로 했어요. 그 이후로 잠도 잘 자고 그다지 많은 걱정을 하지 않았답니다.

아이 톡 - 아이의 생각을 말해요

- 너의 걱정되는 마음은 어떤 거니?
- 엄마 아빠의 걱정은 무엇이라고 생각하니?
- 걱정될 때 마음은 어떤 색으로 칠하고 싶니?
- 친구들은 어떤 걱정을 하고 있니?
- 걱정을 해결하고 난 후의 기분은 어때?
- 겁쟁이 빌리에게 하고 싶은 말이 있니?
- 나의 걱정 인형이 있다면 너는 무얼 해주고 싶어?

컬러 톡 - 컬러가 말하는 감정 이야기

빌리는 겁도 많고 세심하며 감정에 섬세한 아이입니다. 그린 유형의 아이들은 자기의 마음속 평화가 깨어지는 것을 두려워해요. 4세부터 시작되는 아이들의 걱정거리를 들어본 적이 있을 것입니다. 부모들은 아이의 걱정거리를 들으며 쓸데없는 생각을 한다고 치부해버리는 경우가 많습니다. 겁이 많은 아이는 잘 울어버립니다. 그리고 작은 것에도 신경을 많이 씁니다. 감정은 억압하는 것이 아니라 표현해야 합니다.

표현해서 어떻게 하면 무섭지 않은지 자기 감정에 대해 해결책을 생각해봐야 합니다. 빌리는 자기 나름대로 걱정인형으로 해결을 했습니다. 아이도 자기의 감정을 다독이기 위해 다양한 방법을 시도해봐야 합니다. 감정을 표현하는 아이를 위해 할머니처럼 아이의 걱정하는 마음에 공감해주는 것은 어떨까요? 그리고 부모들도 어린 시절의 걱정되는 마음을 아이에게 이야기하며 용기를 갖도록 도와주어야 합니다. 어른이 되어도 자기만의 인형을 가지고 있는 사람들이 많습니다.

걱정인형보다는 마음인형을 만들어주는 것은 어떨까요. 그린 아이는 감정을 많이 참을 수 있습니다. 아이가 어른이 되어도 그 마음을 들어주고 비밀을 간직하고 있는 마음인형을 보면 안정감을 느끼고 편안해질 것입니다. 그린 아이들의 섬세한 감정을 토닥여주고 공감해주는 부모가 되어주세요. 아이와 마음인형을 만들어서 인형과 대화할 수 있도록 해볼까요?

○○○○●○ **05** ○○○○○○

모범생
블루 아이

블루 성향은 신뢰와 약속을 중요하게 여긴다. 블루 아이 정민이는 자신이 말한 것을 꼭 지키려고 노력한다. 맞벌이를 하는 엄마, 아빠는 출근 준비하느라 바쁘다. 엄마가 나가신 후 정민이는 하나, 둘, 셋 하고 숫자를 센다. 띠리리릭. 역시나 엄마다. 다시 들어오지 않는 날이 더 이상할 정도다. 정민이는 아침부터 한숨을 쉰다.

"또 뭐 놓고 갔어요? 핸드폰, 차 키, 화장품 백 다 있어요? 현관문에 메모장 붙여 놓을게요." 정민이의 나열을 들으며 엄마는 가방을 살핀다. 그리고 웃으며 나가신다. 정민이는 현관문 앞에 작은 메모장을 말한 대로 붙이고 엄마가 잘 잊어버리는 것을 적어 놨다. 특히 주차를 몇 층에 해놨는지 잊어버려서 한참을 헤매는 엄마를 위해 주차 장소까지 그려놓았다.

부모들은 블루 아이의 눈치를 많이 본다. 블루 아이는 부모의 언행 불일치를 지적하며 어른아이처럼 말해서 부모의 신뢰를 주기도 하지만 잔소리쟁이기도 하다. 가끔 신호 위반에 금지구역 주차를 위해 주위를 살피는 엄마를 보고 또 한 소리 한다. "엄마! 규칙이 왜 있어요? 지키라고 있는 거죠? 경찰 아저씨 없어도 지켜야죠!" 엄마는 정민이 말이 맞는 건 알지만 짜증이 난다.

블루 아이는 규칙을 잘 지키기 때문에 학교생활도 잘한다. 모범적이고 바른 블루 아이는 선생님의 보조 역할을 할 때가 많고, 혼나는 것이 싫어서 자기 할 일을 먼저 하는 편이다.

친구들이 실수하거나 약속을 안 지키면 화가 난다. 때로는 본인이 엄격한 선생님처럼 행동해서 친구들이 어려워하기도 한다. 말을 자주 안 하지만 해야 할 때는 날카롭게 지적한다. 그래서 간혹 싫어하는 친구들도 있다. 블루 아이는 꼼꼼하고 세심하다. 해야 할 과제가 있다면 밤을 새워서라도 잘하려고 노력한다. 배우는 것도 본인이 잘할 수 있는 것을 선택한다. 자신이 없는 것은 부모가 아무리 설득해도 배우려 하지 않는다.

블루 아이는 자기 마음을 잘 표현하지 않고 참고 있을 때가 많다. 옳고 그름을 판단하여 논리적이고 체계적으로 발표할 수 있지만 자기 마음의 표현은 서툴다. 친구들 사이에 왕따를 당했지만 정민이는 아무 말도 하지 않았다. 일하는 엄마는 정민이가 왕따를 당할 것이라는 생각을 해본 적이 없다.

공부방 선생님이 조심스럽게 할 말이 있다고 해서 들은 이야기다. 엄마는 하늘이 무너지는 느낌을 받았다. 조용하고 공부도 잘하고 예의도 바른 아인데 왕따라니! 충격이 너무 컸다. 엄마는 차에서 정민이에게 묻는다.

"정민아 요즘 친구들과 문제가 있니? 혹시 엄마에게 말해주면 좋겠는데…. 엄마가 너의 마음을 들어줄게." 정민이는 엄마의 말을 듣고 빨간 토끼 눈이 되어 갑자기 눈물을 펑펑 흘렸다. 엄마는 속이 상해서 아무 말도 못 하고 같이 울었다. 한참을 울고 난 정민이가 친구들과의 이야기를 솔직하게 털어놓는다. 유치원 때는 엄마의 개입이 가능하지만, 초등학교만 들어가도 엄마의 개입이 어렵다. 말하지 않고 혼자 가슴앓이했을 아이를 생각하니 엄마는 마음이 아팠다.

그리고 말하지 않는 정민이가 야속했다. 그러나 정민이가 블루 성향의 아이라는 것을 엄마는 안다. 엄마는 정민이에게 엄마의 의견을 제시했고, 행동은 정민이가 선택하라고 했다. 자신의 감정에 공감하고 믿어주는 엄마를 보고 정민이는 용기가 생겼다.

다음날 당당한 모습으로 따돌린 친구들에게 대응하고 문제를 해결했다. 블루 아이는 생각이 너무 많다. 그래서 화가 나도 억울해도 참고 표현을 하지 않을 때가 많다. 그럴 때 일기장이 도움이 된다. 블루 아이는 어려서부터 칭찬받을 확률이 높다. 모범생 기질 때문이다. 크면 클수록 칭찬에 대한 학습 효과는 줄어들 수 있다. 자존심이 무척 강해서 아이라도 함부로 대하거나 욕을 하면 부모를 혐오할 수 있다. 블루 아이는 예의 있고 논리적이며 이성적으로 이야기할 때 효과적이다.

막무가내식 감정적 대화를 싫어하고 명령조의 언어는 블루 아이 마음에 저항감을 일으킨다. 어릴수록 부모에게 인정받고자 부모의 말을 잘 따른다. 하지만 크면 클수록 자신이 하고 싶을 때 움직이는 편이라 기다려주는 것이 좋다. 자존감에 상처가 생기거나 화가 나면 말을 하지 않는다. 잠을 자거나 대화를 하지 않고 자기 방에서 사춘기의 시절을 보내기도 한다. 소통방식이 매우 중요한 블루 아이다.

블루의 균형을 맞추는 컬러는 오렌지 컬러 에너지다. 어른스러운 아이에게 천진난만하고 순수하며 자신의 마음을 있는 그대로 잘 표현하는 오렌지 컬러가 균형을 맞출 수 있다.

블루 아이의 학습 포인트

- 성실하게 일관적으로 공부하는 습관을 들인다.
- 공감하고 격려하는 것이 도움이 된다.
- 청음이 발달하여 혼자 큰소리로 읽거나 녹음하는 수업이 도움이 된다.
- 숙제나 과제는 미리미리 준비하도록 한다.
- 예습보다는 복습 위주의 학습이 유익하다.
- 배운 것을 가르치는 방법으로 복습한다.
- 자기통제를 잘하므로 하루의 공부량을 소화하도록 한다.
- 자신의 의견과 질문을 존중해 줄 때 더 공부한다.
- 실수한 것을 두려워하지 않도록 격려한다.

그림책을 통한 블루 감정 테라피

《파랑 오리》
지은이 : 릴리아
그린이 : 릴리아
펴낸 곳 : 킨더랜드

엄마 톡 – 엄마가 말해요

어느 가을날, 파랑 오리는 아기 우는 소리를 듣고 헤엄쳐 갑니다. 파랑 오리는 우는 아기 악어가 불쌍해서 따뜻하게 안아주었지요. 엄마 악어가 오면 보내려고 같이 기다려주었어요. 아무리 기다려도 엄마 악어가 보이지 않자 오리는 아기 악어를 두고 갈 수밖에 없었어요. 그런데 아기 악어가 파랑 오리의 다리를 꽉 잡고 엄마라고 부릅니다.

아기 악어는 파랑 오리를 졸졸 쫓아다녔어요. 파랑 오리는 아기 악어를 늘 지켜주었습니다. 파랑 오리는 아기 악어를 지켜주고, 돌봐주고, 수영하는 법을 가르쳐 주었어요. 파랑 오리와 아기 악어는 행복하게 지내고 있었답니다. 점점 아기 악어는 커다란 어른 악어로 성장합니다. 몸도 커지고 키도 커지고 발도 엄청나게 컸어요.

파랑 오리는 나이가 들면서 점차 기억들이 사라집니다. 다 자란 악어를 알아보지 못했어요. 그리고 점점 아기처럼 질문을 합니다. 아기처럼 변해가는 파랑 오리를 잘 보살피던 악어는 파랑 오리가 가고 싶어 하는 곳을 데려다주었지요. 파랑 오리와 아기 악어가 처음 만난 곳이랍니다. 악어는 파랑 오리의 기억이 점점 사라져가지만 여전히 서로를 아끼고 사랑합니다.

아이 톡 – 아이가 생각을 말해요

- 아기 악어를 본 파랑 오리의 마음은 어떤 마음인 거 같니?

- 우리 가족은 누구누구 있을까?

- 파랑 오리가 아기 악어를 돌봐주는 모습을 볼 때 어떤 기분이 들어?

- 파랑색을 보면 생각나는 것이 무엇이니?

- 파랑 오리의 기억들이 사라지면 어떻게 될까?

- 아기 악어는 기억을 잊어버린 파랑 오리를 보며 무슨 생각을 했어?

- 엄마 아빠가 늙어서 아기처럼 변한다면 너는 어떤 생각을 할까?

컬러 톡 - 컬러가 말하는 감정 이야기

아기 악어가 불쌍해서 키워준 착한 파랑 오리처럼 블루 성향의 아이들은 책임 감이 강합니다. 그리고 관계 지향적이기 때문에 친구 관계가 좋아요. 파랑 오리가 기억을 잃고 아이같이 행동하지만 둘은 여전히 사랑합니다. 건강한 관계라는 것은 장단점을 다 수용하는 관계입니다. 블루 아이들은 친구를 잘 도와주며 이성적인 관계를 유지할 수 있습니다.

아기 악어가 파랑 오리의 우는 얼굴만 보고도 오리가 가고 싶어 하는 것을 알 수 있다는 내용은 감동적입니다. 타인의 마음을 읽는 힘! 바로 블루 성향의 장점입 니다. 숲의 모든 향기를 기억하며 옛 추억에 행복해하는 파랑 오리의 모습은 어린 시절 내 아이의 사랑스러운 모습을 기억하는 부모와 같습니다.

블루 아이는 자존심이 상하거나 화가 나면 말을 하지 않습니다. 하늘과 땅처 럼 자존감이 높아서 감정을 숨기는 경우가 많습니다. 사춘기의 아이들이 방문을 걸어 잠그고 말을 하지 않는다면 부모의 언어나 행동에 자존감을 다쳤을 경우가 많습니다. 존중하는 대화법이 절대적으로 필요한 아이입니다.

아이들은 날마다 크고 있습니다. 기억하지 못할 정도로 커서 힘들게 할 수도 있습니다. 힘든 순간마다 아이의 해맑은 모습과 사랑스러운 존재만으로도 기뻤던 순간을 기억하면 육아의 힘든 순간들을 잘 견딜 수 있을 것입니다.

○○○○○○ **06** ●○○○○○

어려운
인디고 아이

　　인디고 컬러의 에너지를 가지고 있는 성훈이는 눈빛이 강렬하다. 눈이 부리부리한 것도 아니고 큰 것도 아니다. 그런데 아이인데도 함부로 할 수 없는 카리스마가 있다. 인디고 아이의 한마디는 어딘가 모르게 힘이 있다. 생각이 깊은 만큼 함부로 말을 막 하지 않으며 짧고 간결하게 자기 자신을 표현할 수 있다.

성훈이는 책 읽는 것을 좋아한다. 나가서 노는 것보다 조용히 있는 것을 선호한다. 무엇인가 관심이 생기면 파고드는 능력이 있어서 엄마를 깜짝 놀라게 하기도 한다. 공룡의 이름들도 다 기억하고 무엇을 좋아하는지 설명도 잘한다. 엄마는 공룡에 관심이 없지만 성훈이의 설명 덕에 엄마도 공룡 박사가 되어간다.

완벽주의 성향의 성훈이는 무언가 시작하면 끝까지 파고든다. 집요할 정도로 말이다. 성훈이는 박사님 같다는 말을 들으면 좋지만, 얼굴로 표현하지 않는다. 입가에 미소를 지을 정도까지만 나타낸다. 그만큼 자기표현은 잘 하지 않는다. 준비물이나 자기 물건을 잘 챙긴다.

많은 친구를 사귀기보다 적은 친구들을 깊게 사귀길 좋아한다. 친구의 말을 잘 들어주고 냉철하게 판단할 수 있다. 좌뇌, 우뇌가 골고루 발달한 똑똑한 아이다. 엄마는 성훈이의 생각을 알고 싶다. 이거저거 물어보지만, 단답형으로 말하는 성훈이가 마음에 안 든다. 다른 아이들처럼 수다 좀 떨었으면 좋겠다고 생각한다.

엄마는 성훈이가 활동적으로 친구들과 어울리기를 바란다. 성훈이는 머리가 아프다. 물론 재밌고 좋을 때도 있지만 사람들 많은 곳을 대체로 싫어한다. 항상 생각하고 현명하게 행동하려고 노력한다. 부모나 선생님에게 질문을 많이 하며 추상적인 것보다는 세부적이고 구체적인 것을 잘 이해하는 편이다. 표현을 잘 하지 않지만, 부모나 친구가 자기 맘을 알고 이해해 줄 때 크게 감동한다. 사귀기까지가 힘들지만 한 번 친구가 되면 오래도록 이어진다.

나연이는 자기 속을 말하지 않아 주변 사람들이 답답해한다. 자기 스스로 마음이 정리되지 않았거나 화가 나면 풀릴 때까지 말을 잘 하지 않는다. 손해를 보더라도 자기 고집을 꺾지 않는다. 엄마가 아무리 애원하고 때로는 그만하라고 협박해도 고집을 부린다. 아무 말도 하지 않고 시위하듯이 서 있는 나연이의 모습이 보기 싫어서 엄마는 또 타협하고 만다.

감정의 지속 시간은 각자가 다르다. 그 감정을 푸는 시간도 다르다. 밝은 컬러 성격들은 대체로 빨리 화를 풀지만, 인디고 아이는 감정을 푸는 시간이 길다. 자신이 스스로 이해되고 해결하는 시간이 필요하다. 힘든 일이 있어도 도움을 청하지 않는다. 혼자 끙끙대며 고민하고 멀미 날 때까지 생각한다. 스스로 해결하고 나서 친구에게 말하는 편이다. "내가 이거 때문에 고민했는데 이렇게 해결했어. 힘들어 죽는 줄 알았어." 친구들은 대견하기도 하겠지만 '부탁하면 될 것을…. 미련한 곰'이라고 생각하기도 한다.

가끔 유머가 있는 말도 하지만 유머가 다큐멘터리가 되는 경우가 많다. "너는 유머를 다큐로 알아듣니? 너무 진지해!" 인디고 아이가 커가면서 많이 듣는 말이다.

자기의 생각을 말하고 싶어 하지 않으며 완벽주의가 강하고 자존심이 무척 세다. 혼자 생각할 수 있는 시간을 충분히 주고 스스로 해결하고 나올 때 격려하도록 한다. 지적인 호기심이 많고 내향적일 수 있으므로 경험 중심의 활동을 자주 접하도록 도와준다.

직관력이 좋으므로 가식적인 칭찬보다는 구체적이고 솔직하게 칭찬하도록 한다. 거짓말이나 둘러대는 말을 쉽게 알아차린다. 다만 표현하지 않고 속으로 상대방을 평가할 수 있다. 답답해하지 말고 기다려 주고 여유를 주도록 하자. 어릴수록 고집 피우고 울음 끝도 길 수 있다. 충분히 울게 하자.

인디고의 균형을 맞추는 컬러는 옐로우 에너지다. 깊고 넓은 바다 깊숙한 곳에 빠져 있는 생각들을 가볍고 밝은 옐로우가 다양한 사고의 융통성을 발휘할 수 있도록 도와준다.

- 주변 환경이 조용하고 집중할 수 있는 공간이 필요하다.
- 공부 시간이 일정하고 계획과 규칙을 미리 정하는 게 좋다.
- 무조건 외우게 하는 것보다 개념을 이해할 수 있게 돕는다.
- 강압적 공부방법보다는 이해할 수 있는 시간을 준다.
- 추상적인 평가보다 구체적인 평가를 해준다.
- 직접 체험할 수 있는 경험을 시켜준다.
- 학원에 무조건 보내는 것보다 실력 있는 선생님을 구해주는 것이 좋다.
- 혼자 공부할 수 있는 환경을 만들어 준다.

그림책을 통한 인디고 감정 테라피

《지금도 괜찮아》
지은이 : 정호선
그린이 : 원유미
펴낸 곳 : 을파소

엄마 톡 – 엄마가 말해요

무엇이든 스스로 하고 싶은 아이가 혼자 케이크를 만들고 있습니다. 그러나 아이는 세상에서 가장 멋진 케이크를 만들고 싶었지만, 생각만큼 만들어지지 않아 울상이 되었지요. 엄마는 아이에게 "괜찮아 비뚤어도 동그랗지 않아도 세상에 하나뿐인 멋진 케이크인 걸"이라고 칭찬해줍니다. 모양이 다른 도토리를 딴 아이에게 "모양이 달라도 색깔이 달라도 괜찮아. 하나하나 달라서 특별한 거야"라고 엄마는 말해줍니다. 짝짝이 양말을 신고 옷을 우습게 입어도 새로운 걸 해보는 아이를 격려합니다. "남들과 다른 것은 세상이 다양하고 더 재미있어질 것"이라고 말해주는 엄마입니다.

아이는 음식을 빨리 먹지 못합니다. 엄마는 느려도 괜찮고 빨라도 괜찮다고 이야기해줍니다. 사람마다 속도는 다르다고 일깨워줍니다. 화가 나고 창피해도 자연스러운 감정임을 알려줍니다. 꾸미지 않아도 숨기지 않아도 솔직한 모습을 좋아한다고 말해주는 멋진 엄마입니다. 일등이 아니어도 잘하지 않아도 지금 그대로 멋있다고 말해주는 엄마, 언제나 옆에서 응원한다고 말해주는 엄마의 이야기입니다.

아이 톡 - 아이의 생각을 말해요

- 잘하고 싶은데 마음대로 되지 않은 것이 있었어?

- 실수할까 봐 두려운 마음을 색으로 칠하면?

- 내 마음대로 하고 싶은 활동은?

- 괜찮다는 말을 들으면 기분이 어때?

- 친구가 실수하면 어떤 말을 해주고 싶어?

- 나는 못 하지만 친구들은 잘하는 것이 있어? 그럴 때 기분은 어때?

- 엄마에게 괜찮다고 말해주고 싶은 것이 있을까?

컬러 톡 - 컬러가 말하는 감정 이야기

인디고 아이들은 완벽주의가 있습니다. 실수하는 것을 매우 두려워하고 생각을 많이 합니다. 무조건 허용하고 괜찮다고 말하는 것이 아닙니다. 생각하고 완벽하기를 원하는 아이에게 실수하는 것을 인정해도 되는 법을 알려주는 것입니다. 자라면서 배우는 아이들에게 실수를 통해서 크는 것이라는 것을 말해줄 수 있습니다. 특히 인디고 아이는 자기 자신에게 스스로 '괜찮아'라고 말할 수 있게 도와주어야 합니다.

생각이 많아서 무언가를 시작하고 활동하는 데 오랜 시간이 걸릴 수도 있습니다. 자신만의 고집이 강해서 그것을 인정하거나 바꾸는 것을 힘들어 할 수도 있습니다. 좌뇌와 우뇌가 골고루 발달한 인디고는 합리적인 생각으로 스스로 이해가 되었을 때 움직입니다. 기다려주세요. 한번 움직이기 시작하면 에너지가 무척 커서 완벽하게 잘해냅니다.

아이들은 경험 속에서 배워가고 지혜를 얻습니다. 물론 어른들도 마찬가지지만 아이들이 스스로 실수하는 것에 더 관대할 필요가 있습니다. 인디고 아이들은 자존심이 무척 강합니다.

있는 그대로 잘하지 못해도 정답이 아니라도 사랑받고 있다고 느끼게 도와주어야 합니다.

그림책의 엄마는 갖가지 다양한 감정을 이야기해주며 아이에게 자신을 존중하도록 하고 있습니다. 하나하나 달라서 더 특별하다는 마음은 우리 아이들에게 꼭 나누어줘야 할 사랑입니다.

07

매력 있는
퍼플 아이

지연이는 생각한다. 일기예보가 있듯이 감정예보가 있으면 얼마나
좋겠냐고 말이다. 지연이는 자신이 변덕스럽다고 생각한다. 아침에 분
명 기분 좋게 일어났지만 내가 싫어하는 반찬들만 놓여있는 밥상을 보

니 기분이 순간 나빠진다. 표정이 바뀐 지연이를 보고 엄마는 또 왜 기분이 상했냐고 묻는다.

그러나 지연이는 말할 수가 없다. 순간순간 자신의 기분이 변화하는데 꼭 큰 이유가 있어서가 아니다. 그리고 엄마의 기분을 상하게 하고 싶지 않은 지연이는 아니라고 말하고 밥을 먹는다. 퍼플의 에너지를 가지고 있는 지연이는 감정의 기복이 있다는 것을 스스로 잘 안다. 퍼플 아이는 감정이 섬세하다. 작은 것에 기분 나쁘고 별거 아닌 것에 순간 기분이 좋아지는 것 처럼 감정이 왔다 갔다 한다.

지연이는 생각이 너무 많아서 멍할 때가 있다. 엄마, 아빠가 요즘 많이 다투기 때문일까? 머릿속에 여러 가지 생각들과 상상들이 소설을 쓴다. 지연이는 작은 창문 사이로 다양한 세상의 그림을 그리는 아이다. 퍼플 아이는 신비롭다. 생각이 많고 창의적인 면이 많아 그런지 늘 새로운 발상으로 놀라게 만든다. 다양하고 재미있는 아이디어로 신선함을 주고 무언가 매력적이다. 양파같이 까도 까도 그 아이만의 새로운 매력이 계속 발견된다.

지연이는 또 수용을 잘하는 아이다. 나와 다른 친구들의 생각과 사고 가치관의 차이를 잘 인정한다. 틀렸다고 말하는 게 아니라 친구와 내가 다름을 잘 안다. 그래서 다양한 친구들의 고민과 그들의 다양한 생각을 비판 없이 수용할 수 있다. 남다른 이해심을 보여 친구들은 편안함을 느낀다. 친구들은 이렇게 말한다. "왜 나는 너처럼 그 생각을 하지 못했지?"

지연이는 친구의 마음을 배려하고 봉사할 수 있는 마음이 크다. 때로는 돕고 싶은 마음이 생기면 자신을 희생해서라도 친구를 위해 기꺼이 손해를 감수한다. 그래서 친구들에게 인기가 있다. 지연이는 예술적인 감각이 뛰어나다. 배우지 않아도 그림도 잘 그리고 음악도 좋아하고 미술 전시회 가는 것을 즐긴다. 글을 써서 상을 받기도 하는 지연이는 조금씩 다 잘하지만 하나를 끝까지 배우려고 하지 않는다. 금방 흥미를 잃기도 한다. 아마 섬세한 감정 때문일 수도 있다.

지연이는 자존감이 매우 높고 자아 성찰을 많이 한다. 타인을 수용하듯 자기 자신도 수용할 수 있는 아이다. 생각한 만큼 아는 만큼 성장 가능성이 크기 때문에 주변에 좋은 친구나 어른이 있다면 그 사람을 본받으려고 하는 마음이 크다. 그래서 퍼플 아이는 멘토가 참으로 중요하다. 참신한 생각, 다양한 감정이 예민하고 섬세해서 주변 친구를 피곤하게 할 수 있다.

자존감이 때로는 거만함과 교만함으로 보일 수 있다. 나와는 다르니까 소통하지 않는 것이 친구를 가려 사귀는 것처럼 보이기도 한다. 친구들은 "쟤는 친구를 가려 사귀는 것 같아"라고 못마땅해하기도 한다. 지연이는 좋은 친구만 만나는 게 나쁜 일이 아니라고 생각한다. 굳이 마음에 안 드는 친구에게 마음을 줄 필요는 없다고 생각한다.

때로는 현실적인 판단을 못 하고 이상만 꿈꾸는 아이처럼 보이기도 한다. 공상을 현실로 착각하기도 하고 정신적으로 불안한 모습도 보인다. 정리 정돈을 잘하지 못하고 늘 주변이 어지러울 때가 많다. 하지만 한번 책상 정리를 하면 오랫동안 완벽하게 하려고 한다. 활동적이기보다는 집에서 생활하는 것을 더 즐긴다. 학원보다는 인터넷 강의로 공부하거나 친구도 어울리는 그룹끼리만 지낼 때가 많다. 이런 성향으로 스스로 외로움을 느낄 때가 많은 퍼플 아이다.

부모나 친구를 위해 지나치게 희생할 때도 있으며 삶의 허무감을 느끼기도 한다. 퍼플 아이의 가치관을 이해해주는 대화가 유익하다. 아이는 엉뚱하고 독특한 생각을 그리고 전혀 연관성 없는 이야기를 할 때가 많다. 인정하고 받아들여주면 자신의 속마음을 편하게 말한다. 부모가 아이를 우주인처럼 취급해 현실적 대화를 피한다면 아이는 답답한 생각에 입을 다물 것이다.

생각이 우주같이 넓은 아이의 감정은 종잡을 수 없을지도 모른다. 사소한 일에 소리를 지르고 울 수도 있다. 금방 기분이 좋아져 뛰어다닐 수도 있다. 섬세하고 예민한 감정 변화에 너무 당황하지 말고 편하게 대응하는 것이 좋다.

퍼플의 균형을 맞추는 컬러는 핑크 에너지다. 퍼플은 상상력이 풍부해서 주변을 살피지 못하고 자신만의 세계에 빠질 때가 있다. 핑크는 세심한 관찰력으로 주변을 살피고 배려할 수 있는 힘이 있어서 퍼플의 균형을 맞출 수 있다.

퍼플 아이의 학습 포인트

- 자신의 개성이 담긴 상상을 글로 쓰도록 유도하자.
- 오감 체험을 많이 하도록 돕는다.
- 감정의 변화를 이해해준다.
- 멘토를 만들어 학습하도록 돕는다.
- 자기 주도적인 성향을 도와 학원보다는 인터넷 강의로 편한 환경을 조성한다.
- 낯가림 때문에 자주 학원을 옮기는 것은 좋지 않다.
- 실력 있는 교사와 상담을 해줄 수 있는 교사가 필요하다.
- 학습 외에도 아이가 즐길 수 있는 취미활동을 병행하는 것이 좋다.

그림책을 통한 퍼플 감정 테라피

《나랑 나》
지은이 : 고미 타로
그린이 : 고미 타로
옮긴이 : 김종혜
펴낸 곳 : 키즈엠

엄마 톡 - 엄마가 말해요

아이는 두 가지 생각을 하고 있습니다. 아침이면 옷을 입고 빨리 일어나야지 하는 마음과 조금 더 누워있고 싶다는 마음을 느낍니다. 잘 먹겠습니다. 인사하고 밥을 먹지만 속으로는 과자가 더 먹고 싶다고 생각을 합니다.

심부름하면서 엄마를 도와줄 수 있어 좋지만 귀찮다고 생각하기도 합니다. '나도 어른 되면 책을 만들어야지'라고 좋은 감정을 품다가 금방 '나는 그림도 못 그리고 글도 못 쓰니까 못할 거야'라는 부정적 감정을 느낍니다.

마라톤 하는 사람을 응원하면서도 지루하다고 생각합니다. 친구들이 공원서 놀자고 하면 좋다고 대답했지만, 사실은 도서관에 가고 싶다고 생각했습니다. 공원서 놀면서 문득 친구들도 기분이 수시로 변하는지 궁금해집니다. 어쩌면 친구들도 아이처럼 겉마음과 속마음이 다를 수도 있다고 생각해봅니다. 그런 생각을 한 자신을 스스로 대견하게 생각합니다.

아이 톡 – 아이의 생각을 말해요

- 너는 언제 두 가지 마음이 생기니?

- 내 생각을 몰라줄 때 기분이 어떠니?

- 하기 싫지만 억지로 하는 것은 무엇이니?

- 보라색을 보면 어떤 게 생각나니?

- 여러 가지 기분이 들 때는 어떻게 하니?

- 친구가 내 마음을 알아줄 때 기분은 어떠니?

- 네 친구는 무슨 생각을 하고 있을까?

컬러 톡 – 컬러가 말하는 감정 이야기

사람의 속마음은 여러 가지 마음이 존재합니다. 인지적으로 생각하는 마음이 있고 타인에게 보여주는 페르소나처럼 가면적인 마음들이 있습니다. 퍼플 아이는 커갈수록 다양한 감정을 느끼고 그에 따른 갈등도 많이 합니다. 퍼플 마음에는 레드 마음과 블루 마음이 같이 공존하기 때문에 신비로움이 있습니다. 아이는 상상하고 꿈을 꿉니다. 때로는 그것이 현실인지 꿈인지 헷갈릴 때가 있습니다. 퍼플 아이의 감정 이야기를 듣고자 한다면 말도 안 되는 아이의 이야기에 동참하는 것이 좋습니다. 그리고 질문해주세요. "그 다음은?", "그래서?", "어떻게 된 거야?" 이러한 부모의 반응에 아이는 상상의 나래를 더 펼칠 수 있습니다. 미래사회에는 직관적인 상상력을 펼칠 수 있는 퍼플이 가장 필요한 인재상일 것입니다.

기분이 수시로 바뀌는 것에 아이들은 가끔 혼란스러울 수 있습니다. 퍼플 아이들은 감정의 기복이 있는 자기 생각을 표현하는 것이 어렵습니다. 아이가 생각을 정리하고 말할 수 있게 기다려야 합니다. 그리고 내 기분은 내가 좋은 쪽으로 선택할 수 있음을 말해줘야 합니다. 퍼플 아이는 수시로 바뀔 수 있는 나의 마음을 그럴 수 있다고 인정할 수 있게 도와야 합니다.

마음의 주인은 나라는 것을 우리 아이들이 어렴풋이나마 알게 해줘야 합니다. 내 마음의 주인은 컬러를 고르듯이 긍정 마인드를 선택할 수 있음도 알게 해야 합니다. 두 가지의 단어를 가지고 아이에게 자신의 감정을 고르게 하는 것도 좋은 방법입니다.

08

초긍정
마젠타 아이

형진이는 근거 없는 자신감이 높다. 무엇이든 긍정적으로 생각해서일까? 어떤 상황이든 다 잘할 수 있다고 생각한다. 그런데 엄마는 답답해한다. 말만 하지 말고 공부 좀 하라고 잔소리한다. '까짓거 공부 맘만 먹으면 잘하는데…. 지금 하기 싫은 것일 뿐이야'라고 아이는 혼자 중얼거린다.

친구들도 형진이를 무척이나 좋아한다. 긍정적이고 자신감 있는 아이라서 친구들의 문제를 뚝딱뚝딱 쉽게 해결해준다. 만능해결사 같은 형진이는 친구들의 부탁이나 문제를 해결해주는 것에 성취감을 느낀다. '못하는 것 빼고 난 다 할 수 있어. 열심히 하면 안 될 게 없지!' 초긍정이 인기의 비결이다.

형진이가 제일 많이 듣는 말은 '오지랖이 넓다'이다. 친구들의 작은 부분까지도 관여하기 때문이다. 형진이는 친구들의 문제를 해결해주고 싶어한다. 속마음을 털어놓지 않는 친구의 눈빛을 읽고 얘기를 들어주고 친구가 걱정스럽고 불안한 마음이 들어할 때면 친구를 도닥인다. 감정 기복이 있는 친구의 기분을 잘 살핀다.

울고 있는 친구의 문제를 대신 해결하고 친구의 흥미와 관심이 있는 것을 알려주기도 한다. 대부분 고마워하고 좋아한다. 하지만 형진이의 지나친 관심을 부담스러워하는 친구도 있다. 친구들끼리 팀을 이루어 활동할 때는 주도권을 가지고 지휘할 때가 많다.

따뜻한 리더십으로 친구들의 능력과 칭찬 거리를 잘 찾아내서 칭찬한다. 부정적이고 공평하지 못한 일이라고 생각할 때는 어른에게도 당당하게 아니라고 맞서는 용기도 있다. 친구들 간에도 공평하게 대하려고 노력하며 약자를 대변하는 의리 있는 아이다. 마젠타의 긍정에너지를 많이 쓴다면 정말 멋진 형진이가 될 것이다.

희생도 서슴지 않는다. 친구 대신에 혼나기도 하고 자기 일도 미룬채 친구를 돕다가 부모님에게 혼날 때도 있다. 맡은 일에 최선을 다해 책임지는 형진이는 학급 임원으로 활동할 때가 많다. 그래서 선생님이 예뻐한다. 마젠타 아이는 책임감으로 자기 일을 해나가는 기쁨을 느낀다.

하지만 형진이의 단점은 인정받지 못할 때 서운하고 억울해한다. '내가 그렇게 했는데 왜 고마운 마음을 모르지'라는 생각에 자신이 한 일들을 자랑한다. "내가 그때 그러지 않았으면 넌 선생님에게 혼났을 텐데", "내가 도와주어서 네가 상을 탈 수 있었잖아. 안 그래?"

스스로 정한 의리에서 벗어난 친구가 있다면 마음속으로 '넌 아웃이야'라고 생각하며, 그 친구와는 관계를 지속시키지 않는다. 웬만해서 모든 친구를 다 포용하고 수용하지만 한번 마음이 돌아서면 매몰차게 외면한다. 어떤 면에서 내 생각대로 되지 않으면 친구 탓을 하기도 한다. '그 친구 때문이야. 그 애만 아니었어도 내 생각대로 되는 건데 아깝다'라고 생각한다.

형진이는 어른에게 의지하기보다는 스스로 생각하고 행동하므로 혼날 때도 많다. 자기 생각을 논리적으로 말할 때 어른들은 형진이의 성숙한 언어구사력에 감탄한다. 그러나 가끔 어른들 생각에 건방져 보인다고 생각해서 형진이에게 핀잔을 주기도 한다. 가장 큰 마젠타의 그림자 에너지는 집착이다. 좋아하는 친구, 좋아하는 활동 등 자신이 통제하고 싶어하고 리드하고 싶어한다.

마젠타 마음은 자존감이 높아서 배려해주고 정확하게 이야기를 나누는 것이 좋다. 자신을 나타내고 싶어 하는 강한 마음을 꺾으려고 하거나 핀잔을 줘서 열등감이 생기지 않도록 해주자. 따뜻하고 긍정적인 나눔과 배려를 칭찬하자. 자기 역할을 잘 수행하는 것에 지지를 보내주어야 한다. 신의 사랑이라고 불릴 만큼 운이 좋은 아이다. 감사를 잘 하는 아이기 때문이다.

마젠타의 균형을 도와주는 컬러는 그린 에너지다. 강한 에너지가 있는 마젠타는 자신의 뜻대로 움직이려는 힘이 크기 때문에 그린의 조화와 안정감 있는 에너지가 균형을 이룬다.

마젠타 아이의 학습 포인트

- 세세하게 목표설정을 하고 꼼꼼하게 점검하도록 한다.
- 예습보다는 복습이 효과적이다.
- 친구들과 같이하는 체험형과 토론형 수업이 좋다.
- 못하는 친구를 도와주는 책임감을 느끼게 한다.
- 큰 흐름을 먼저 알고 세부적인 수업으로 들어간다.
- 정확하게 해야 하는 분량을 정한다.
- 이해할 수 있는 시간을 충분히 준다.
- 정서적으로 안정된 분위기의 학습환경이 필요하다.
- 친구들과 함께 그룹으로 공부할 수 있도록 한다.

그림책을 통한 마젠타 감정 테라피

《이게 정말 나일까?》
지은이 : 요시타케 신스케
그린이 : 요시타케 신스케
옮긴이 : 김소연
펴낸 곳 : 주니어김영사

엄마 톡 – 엄마가 말해요

　주인공 지후는 숙제, 심부름, 방 청소가 너무 싫습니다. 그래서 가짜 나를 만들어야겠다는 좋은 생각을 떠올립니다. 지후는 용돈을 탈탈 털어 도우미 로봇을 구매합니다. 자기를 대신해서 귀찮은 일을 해줄 로봇이 필요하기 때문입니다.

　로봇은 지후가 어떤 사람인지 설명해달라고 합니다. 그래서 지후는 자신에 관한 이야기를 시작합니다. 아주 쉬운 이름과 가족관계를 이야기하고 겉모습을 말해줍니다. 그거로는 부족하다고 말하는 로봇은 더 자세한 설명을 원합니다. 지후는 생각하기 시작했어요.

　그래서 잘하는 것과 못하는 것을 이야기해주고, 할 수 있는 일과 할 수 없는 일도 상세하게 설명해줍니다. 어릴 때부터 지금까지의 자신을 돌아보며 자세하게 설명합니다. 시시각각 변하는 지후의 감정과 다른 사람들이 보는 지후의 모습까지 많은 것을 이야기해줍니다.

　지후는 장소에 따라 그리고 만나는 사람들에 따라 알맞은 모습으로 행동해야 한다고 설명합니다. 타인이 나를 보는 모습이 각기 다르듯 지후도 가족들과 친구들과 있는 모습 혼자 있는 모습이 다 다르다는 것을 생각합니다. 그리고 아무도 모르는 자신만의 비밀이 있는데 그건 아무도 알 수가 없다고 말하지요.

　지후만이 들어갈 수 있는 세계가 또 하나 더 있는데 그것은 아주 멋진 일이라고 말해주었습니다. 지후는 세상에서 단 한 명밖에 없는 자신의 모습을 이야기하고 자기를 마음에 들어 하는지 아닌지가 중요하다고 합니다. 지후는 로봇에게 설명해주면서 깨달은 것이 있었어요. 아무도 나라는 사람을 대신할 수 없다는 것을요. 그리고 나에 대해서 생각하는 것은 귀찮지만 즐거운 일이라는 것을 깨닫습니다.

아이 톡 - 아이의 생각을 말해요

- 로봇에게 시키고 싶은 일은 무엇이니?
- 너 자신을 칭찬한다면 어떤 칭찬을 하고 싶어?
- 엄마를 위해 로봇에게 시키고 싶은 일은?
- 아빠를 위해 로봇에게 부탁하고 싶은 일은?
- 로봇이 만약 모든 것을 다해준다면 넌 무엇을 하고 싶어?
- 생각하는 것도 로봇에게 부탁할 수 있을까?
- 로봇은 어떤 감정들이 있을까?

컬러 톡 - 컬러가 말하는 감정 이야기

그림책《이게 정말 나일까?》는 컬러의 철학을 모두 담은 듯합니다. 자신을 알아간다는 것, 자신에 대해서 생각하는 것은 귀찮지만 꼭 필요한 일이기 때문이지요. 나와 똑같은 사람이 없다는 것은 세상에서 정말 소중한 존재라는 것을 우리 아이들이 알아야 합니다.

그리고 부모도 알아야 합니다. 일반적인 발달 서적에 내 아이를 표준에 맞추고 있지는 않은지 생각해봐야 합니다. 지후가 자기를 연구하고 알아가듯이 부모는 아이를 알아가야 하지요. 왜냐 하면 내 아이만을 위한 교과서는 없기 때문입니다.

부모로부터 태어났지만 많은 사람을 거쳐서 커가는 아이입니다. 그 안에 새로운 생각들과 습관들을 형성하고 지후라는 아이는 계속 성장하고 있습니다. 우리 아이들도 계속 성장하고 있음을 기억하세요. 우리 아이가 변했다고 하지 마시고 어떠한 영향을 받았는지 관찰하세요. 시시각각 변하는 기분에 대응하면서 좋은 기분, 나쁜 기분이 들지만 모든 것이 나의 감정임을 알게 해줘야 합니다. 감정의 과학자가 되어서 계속 끊임없이 자신의 감정을 탐구 해야 합니다. 자신의 감정을 잘 인식하게 되면 감정을 조절하고 활용하게 됩니다.

타인이 보는 지후는 누군가에게는 인기 있는 아이지만 누군가에겐 고집 세고 시끄러운 아이지요. 모든 사람이 다 나를 좋아할 수 없음을 아는 것도 중요하다고 생각합니다. 할머니의 말씀처럼 사람은 생김새가 다른 나무이며 모양과 크기는 다 다르다는 것을 기억해야 합니다.

그리고 그에 따라 중요한 것은 자신을 마음에 들어 하는지 아닌지라는 자존감의 중요성을 나타내고 있습니다. 마젠타 아이는 자신의 많은 역할을 감당하며 늘 당당한 자존감을 가집니다. 우리 아이에게 지후처럼 자기 자신에 대해 이야기하는 시간을 꼭 가져보세요. 자신을 아는 아이는 자신을 존중할 수 있습니다.

09

변화가 싫은
블루그린 아이

하윤이는 급한 것이 없는 아이다. 늘 서두르지 않고 자신이 하고 싶은 대로 움직인다. 엄마가 빨리빨리 행동하라고 소리를 지르면 나름 열심히 움직이지만 엄마의 눈에는 차지 않는다. 엄마가 묻는다. "무엇을 배우고 싶어? 미술학원 갈래? 피아노 배울래?" 하윤이는 생각해본다. 무엇을 배울까 생각하는 시간이 길다. 내가 잘할 수 있는지 내가 좋아하는지 신중하게 생각한다.

엄마는 하윤이가 대답이 없자 싫어하는 줄 알고 또 다른 것을 제안한다. 하윤이의 머릿속은 혼란스럽다. '천천히 하나씩 내가 생각할 시간을 달라고요.' 말은 못 하고 속상해서 입만 쭉 내민다. 하윤이는 자기 속도대로 열심히 하고 있는데 느려터졌다는 소리를 들으면 억울하다. 엄마의 '빨리빨리'와 화나는 목소리를 들으면 심장이 쿵쾅거리기도 한다.

엄마가 여러 번 권유한 끝에 미술학원에 다니기 시작했다. 하윤이는 처음에 낯설고 싫었지만 그림을 끝까지 그리고 완성할 때 선생님의 칭찬이 너무 좋아서 계속 다니게 되었다. 색깔도 하나하나 필요한 색을 다 칠하느라 시간은 걸리지만, 완성도가 무척 높다.

꾸준히 그림을 그리기 시작한 하윤이는 미술대회 상도 받았다. 익숙할 때까지 그리고 잘할 때까지 시간이 걸리지만, 자신이 할 수 있을 때 최선을 다하는 아이다. 블루그린 에너지를 가진 하윤이는 성실하다. 무엇을 배우기 시작하거나 과제가 있으면 끝까지 해내는 인내심을 가진다.

엄마는 하윤이에 대한 욕심이 많다. 많은 것을 해주고 싶다. 아이가 받아들이기만 한다면 하루에도 여러 개 학원을 보내고 싶다. 엄마의 욕심이 아이에게 스트레스를 준 것일까? 하윤이는 틱 현상이 일어나기 시작했다. 엄마의 불안함이 전해진 모양이다. 블루그린 아이들은 자기 마음을 잘 표현하지 않는다. 그래서 그 감정이 스트레스가 되어 틱 현상으로 생기기도 한다. 몸과 마음의 균형이 깨진 것이 원인일 것이다.

느리다고 승부욕이 없는 것은 아니다. 단지 겉으로 드러내지 않을 뿐이다. 거북이처럼 끝까지 포기하지 않고 이겨보려고 노력한다. 게임이라면 무승부라도 지고 싶지 않아 하는 하윤이다. 다만 하윤이는 하고 싶은 것만 했으면 좋겠다고 생각한다. 너무 힘든데 엄마는 다 하라고 하는 거 같아 불만이 많다. 그러나 표현하지는 않는다.

하윤이는 변화가 무섭다고 생각한다. 엄마가 새로운 것을 제안하면 하윤이는 걱정부터 앞선다. 낯선 장소, 낯선 사람들 사이에서 왠지 위축되는 느낌이다. 익숙한 곳이 좋고, 가보았던 곳이 좋은데…. 새로운 것만 찾아다니는 엄마가 밉다는 생각도 한다. 집에서 뒹굴뒹굴하는 게 좋다. '다시 태어나면 나무늘보나 움직이지 않는 바위로 살아보는 것은 어떨까'라는 상상을 해본다.

하지만 상상에 그칠 뿐이다. 하윤이는 엄마에게 표현하지 못하고 늘 뾰로통해 있다. 그리고는 마음속으로 저울질을 한다. 여기서 엄마 말을 안 들으면 어떻게 되지? 무엇이 나에게 좋은지 생각하고 이로운 것을 택한다. 가끔 하윤이를 혼내다 보면 엄마는 궁금해진다. 한 귀로 듣고 한 귀로 흐르는듯한 느낌을 받는다. 머릿속에는 많은 것들이 굴러가고 있음이 느껴지는데 눈으로만 말한다. 그래서 엄마는 답답하다.

블루그린 아이들은 변화를 싫어하고 익숙한 것을 좋아한다. 새로운 것을 접하게 할 때는 천천히 익숙해질 수 있도록 기다려줘야 한다.

혼나거나 비난받게 되면 위축되기 쉬우므로 자세하게 설명을 해주고 생각하는 시간을 주는 것이 좋다. 블루그린 아이는 감정을 잘 표현하지 않고 참는 경우가 많다. 부모는 아이의 감정을 수시로 살피고 말로 표현하도록 도와야 한다. 답답하다고 핀잔주지 말고 기다려주자. 자신의 말을 경청하고 기다려주면 속마음을 편하게 말할 수 있을 것이다.

블루그린의 균형을 맞추어주는 컬러는 레드다. 블루그린의 안주하고 싶은 여유로운 성격을 더 열정적으로 활기차게 생활할 수 있도록 도와주는 컬러다.

블루그린 아이의 학습 포인트

- 자신만의 속도로 학습하도록 돕는다.
- 작은 계획들을 나누어 조금씩 조금씩 성취하도록 한다.
- 이해하고 넘어갈 수 있도록 예시를 많이 들어야 한다.
- 운동을 싫어할 수 있지만, 활동을 통해서 자신감을 느끼게 한다.
- 한 과목을 꾸준히 공부할 수 있도록 한다.
- 학원이나 배움의 장소나 선생님이 자주 바뀌지 않도록 한다.
- 예습보다는 복습이 더 효과적이다.
- 실수에 예민하게 반응하지 않도록 한다.

그림책을 통한 블루그린 감정 테라피

《구룬파 유치원》
지은이 : 니시우치 미나미
그린이 : 호리우리 세이이지
옮긴이 : 이영준
펴낸 곳 : 한림출판사

엄마 톡 – 엄마가 말해요

구룬파는 매우 큰 코끼리입니다. 외톨이로 살아와서 그런지 더럽고 냄새가 나서 친구들이 싫어합니다. 외로운 구룬파는 울기도 잘하고 빈둥거리기만 하자 정글에서 구룬파에게 일을 시키기로 했지요. 깨끗이 씻은 구룬파는 맨 처음에 비스킷을 만드는 곳에 취업했어요. 커다란 몸집답게 너무나 큰 비스킷을 만드는 바람에 일을 더 할 수 없었습니다. 접시를 만드는 곳에서도 너무 큰 접시를 만들고 구두를 만드는 곳에서도 너무 큰 구두를 만들어서 도저히 팔 수가 없었습니다.

자동차를 만드는 공장에서도 마찬가지였고 큰 피아노를 만든 곳에서도 구룬파는 계속 일을 그만두게 되었습니다. 아무것도 할 수 없다고 생각하니 구룬파는 몹시 실망해서 자신이 만든 커다란 모든 것들을 차에 싣고 나왔습니다. 또 눈물이 날 정도로 마음이 힘들어진 구룬파 앞에 12명의 아이를 보살피는 엄마가 빨래를 하고 있었습니다. 마침 구룬파를 보고 아이들과 놀아줄 수 있냐고 부탁을 했지요. 구룬파는 자신이 가져온 피아노를 치고 커다란 비스킷을 나누어주었습니다. 구두 수영장으로 아이들은 정말 신나게 놀았지요. 구룬파는 아이들이 좋아하는 것을 보고 외롭지 않았습니다.

아이 톡 - 아이의 생각을 말해요

- 구룬파는 왜 빈둥빈둥 놀고 훌쩍거리고 있었을까?

- 구룬파가 일자리를 잃을 때 어떤 기분일까?

- 왜 구룬파는 일자리를 계속 잃게 될까?

- 생각하는 대로 만들기가 안될 때 기분이 어떠니?

- 구룬파가 울고 있을 때 어떤 이야기를 해주고 싶니?

- 친구들이 나랑 안 놀아줄 때 기분은 어때?

- 외로운 마음을 표현한다면 무슨 색으로 색칠하고 싶니?

컬러 톡 - 컬러가 말하는 감정 이야기

어떠한 아이든 자신이 가지고 있는 재능이 있습니다. 자신의 재능을 발견했을 때 아이는 행복하지만 쉬운 일은 아닙니다. 많은 시행착오를 거쳐 상처를 당해도 잘하는 것을 꾸준히 발견해야 합니다. 블루그린 아이들은 행동이 느릴 수 있습니다. 구룬파처럼 열심히는 하지만 결과가 나오지 않을 때도 있습니다.

융통성이 없을 수도 있고요. 쓸데없는 고집을 부릴 수도 있습니다. 블루그린 아이의 느린 기질을 답답해하는 것이 아니라 그 아이의 성실성과 인내심으로부터 잘할 수 있는 것을 찾아주는 부모가 되어야 합니다. 블루그린 아이는 너무 힘들게 노력하는 것도 싫고 마음이 움직이지 않는데 행동하는 것은 거부하고 싶어합니다. 그러나 익숙해지면 도전하고 싶은 마음이 듭니다. 아이에게 무언가 새로운 것을 배우게 하고 싶나요. 예를 들어 발레를 배우게 하고 싶다면 발레 그림, 발레 옷, 발레 이야기, 발레 공연 등 발레와 익숙해지기 위한 사전 경험을 시키면 도움이 됩니다.

무언가를 시작할 때 생각을 많이 합니다. 그리고 구룬파처럼 경험하다가 자신의 재능을 문득 발견합니다. 꾸준히 할 수 있는 성실성을 가진 장점이 있습니다.

발견만 하면 최고가 되려고 노력합니다. 아이가 행복해하는 활동이 무엇인지 유심히 관찰해보세요.

10

사랑스러운
핑크 아이

하연이는 핑크 컬러를 정말 좋아한다. 자신의 옷 그리고 소품도 핑크가 많다. 엄마는 딸 셋 중에서 둘째인 하연이가 제일 사랑스럽다. 물론 세 아이 모두 사랑하지만 하연이는 사랑받게 행동한다. "엄마, 우리 엄마는 참 이쁜 거 같아요. 나는 엄마가 너무 좋아요"라고 말하는 이런 아이를 어떻게 사랑하지 않을 수 있을까? 첫째는 무뚝뚝하고 자기표현을 잘 하지 않는다.

첫째가 왠지 눈치 보게 하는 아이라면 하연이는 자기 마음을 잘 표현한다. 말을 너무 잘해서 때로는 대화가 통하는 것이 신기하다고 생각한다. 어린아이지만 친구 같은 하연이다. 막내는 천방지축이라 더 커봐야 알 거 같다. 엄마가 속상한 일이 있어서 화를 내고 있으면 하연이가 옆에 와서 안아준다. 하연이의 따뜻하고 세심한 표현이 엄마는 흐뭇하기만 하다.

지인들도 하연이를 찾는다. 왜냐 하면 인사성도 밝고 감사 인사를 잘한다. "이모 선물 감사해요. 나중에 또 오세요." 시키지 않아도 감사 인사를 하는 하연이를 보며 지인들은 기특해서 어쩔 줄 모른다.

하지만 가끔 이런 하연이 때문에 속상할 때도 있다. 하연이는 겁이 많고 감정이 여려서 잘 운다. 엄마는 하연이가 우는 게 너무 속상하다. 별것도 아닌 것에 상처받아서 운다. 잘 삐지기도 하고 무서워하는 것도 많고 속상한 것도 많다. 큰아이는 무뚝뚝하고 차가운 성향이라 감정적으로 엄마를 힘들게 하는 것은 없다. 그런데 하연이는 섬세하고 여린 감정을 신경 써줘야 해서 가끔은 귀찮을 때가 있다.

여자아이의 세심함이라고 하기에는 너무 피곤하다. 질투도 심하다. 자기 반에 새로운 친구를 선생님이 더 예뻐한다고 생각하면 의기소침해진다. 막내를 챙기다 보면 어느새 하연이도 매달려 안겨있다. 하연이가 4살 때는 동생이 생기니까 퇴행 현상도 생겼었다. 질투 때문인지 아기처럼 막내의 행동을 따라 하고 징징거리며 울었다.

겁이 많아서 가끔 큰소리로 혼내면 아이가 경기하듯이 무서워한다. 그래서 혼내는 것도 눈치 보인다. 그 감정을 세심하게 챙겨야 한다는 것이 엄마로서 힘들게 느껴질 때도 있다. 감정이 여리다고 해야할까. 혼자서 소리 없이 울면서 꾹꾹 참고 있는 모습을 보면 안쓰럽기도 하다.

작은 것 하나에도 속이 상한다. 사촌들이 놀러 왔다가 돌아가도 눈물이 난다고 한다. 만화 속 주인공이 슬퍼지면 따라 울어버린다. 감성적인 핑크아이는 크면 클수록 사람들의 사랑받는 방법을 자연스레 알고 행동한다. 선생님들의 사랑을 제일 많이 받는 컬러이기도 하다. 왜냐하면 선생님들을 도와주는 조력자의 역할을 자처하기 때문이다.

핑크 성향의 아이는 부모나 다른 사람들의 말투에 민감하다. 부드럽고 상냥하게 말하면 나에게 호의적이구나 생각해서 자기감정을 잘 표현한다. 반대로 무뚝뚝한 소리로 말을 하면 그것에 예민해져서 눈치를 보기 시작한다. 늘 사랑받고 있다는 생각을 가져야 안정적으로 자랄 수 있다. 구체적으로 이야기해주지 않고 부모가 화내면 자신이 사랑받지 못하는 아이라고 생각해서 위축된다.

세심한 관찰력으로 다른 사람을 칭찬할 줄 아는 아이여서 본인도 세심한 배려를 받고 싶어 한다. 감정적으로 예민한 아이기 때문에 어릴 때 충분한 감정 코칭을 받지 못하면 어른이 되어서도 내면에 불안함을 느끼는 경우가 있다. 겁도 많고 울음도 많고 걱정도 많은 핑크 아이의 감정을 충분히 공감해주도록 하자.

핑크아이의 균형을 도와주는 컬러는 퍼플 에너지다. 1 : 1의 사랑에 연연하는 핑크가 좀더 넓게 수용하고 표용할수 있는 큰 마음과 창조할수 있는 퍼플의 힘이 균형을 잡을수 있도록 돕는다.

핑크 아이의 학습 포인트

- 칭찬과 격려를 많이 해야 한다.
- 감정 표현을 할 수 있도록 유도하고 아이 감정에 공감한다.
- 경쟁하는 학원보다는 소수 인원의 공부방이나 과외가 효과적이다.
- 물질적 보상보다는 스킨십이나 인정해주는 마음이 필요하다.
- 정해진 숙제나 공부를 다 마쳤을 때 부모의 기쁨을 표현해주면 좋다.
- 어렵고 힘든 과정을 이기고 성취감을 가질 수 있도록 구체적인 격려가 필요하다.
- 감정에 따라 집중도가 달라지므로 감정 상하는 일이 빨리 풀어지도록 돕는다.
- 성적과 관계없이 항상 응원하고 사랑하는 든든한 지지자가 있음을 알게 한다.

그림책을 통한 핑크 감정 테라피

《사랑에 빠진 개구리》
지은이 : 멕스 벨트하우스
그린이 : 멕스 벨트하우스
옮긴이 : 이명희
펴낸 곳 : 마루벌 좋은 그림책

엄마 톡 – 엄마가 말해요

　강둑에 앉아있는 초록 개구리는 이상한 마음을 느꼈어요. 꿈속을 걷고 있는 것인지 행복한지 슬픈지 알 수가 없었어요. 그렇다고 어디가 특별히 아픈 게 아니랍니다. 꼬마 돼지를 만나서 그 증상을 이야기했어요. 꼬마 돼지는 감기에 걸린 거 같다며 걱정을 했답니다. 개구리는 그 이상한 마음이 무엇인지 모르고 있는데 토끼를 만나게 되었어요. 몸이 차가웠다, 뜨거웠다고 하고 마음이 콩콩 뛴다고 토끼에게 말했지요. 토끼는 의사 선생님처럼 책장을 넘기더니 그것은 누군가를 많이 좋아하고 사랑할 때 나타난대요.

　초록개구리는 생각했어요. 내가 좋아하는 사람이 누군가 생각했더니 문득 하얀 오리가 떠올랐지요. 개구리는 꼬마 돼지에게 하얀 오리를 사랑하고 있다고 말했어요. 돼지는 몸의 색이 달라서 어떻게 사랑할 수 있느냐고 반문했어요. 개구리는 아무 문제가 되지 않았답니다.

　개구리는 자신의 마음을 표현하기 위해 노력했어요. 오리를 위한 멋진 그림도 그려서 오리 집에 밀어 넣었어요. 그리고 꽃을 꺾어 오리에게 갔지만 용기를 낼 수 없었답니다. 선물을 받은 오리는 기뻐했지만, 누군지 몰랐어요. 개구리는 슬퍼졌지요. 어떻게 오리에게 내가 사랑한다는 것을 보여줄 수 있을까 오리가 나를 볼 수 있을까 싶은 마음에 높이 뛰어오르기도 했어요.

오리가 볼 수 있게 높이 뛰어오르던 개구리가 그만 땅으로 떨어져 다쳤어요. 다친 개구리를 오리가 다정하게 돌봐줍니다. 서로 다른 동물이지만 얼마든지 사랑할 수 있다는 것을 보여줍니다.

아이 톡 - 아이의 생각을 말해요

- 개구리처럼 좋아하는 친구가 있니?
- 좋아하는 친구를 위해 어떤 행동을 했니?
- 사랑하는 마음을 색으로 표현하면 어떤 색이니?
- 오리가 개구리의 존재를 모를 때 개구리 기분이 어땠을까?
- 친구가 나를 위해 어떻게 행동하면 기분이 좋으니?
- 부모님이 내게 해주는 제일 좋은 사랑 표현법은?
- 사랑하는 마음을 표정으로 나타내볼까?

컬러 톡 - 컬러가 말하는 감정 이야기

핑크 아이는 어떠한 사람이든 애정을 표현할 줄 압니다. 그리고 많은 사람을 사랑이라는 마음으로 돌봐줄 수 있는 따뜻한 마음을 가진 아이랍니다. 개구리가 오리를 사랑하는 거처럼 핑크 아이는 사랑을 주고 사랑받고 싶은 아이랍니다.

친구 중에서도 약한 아이나 도와주고 싶은 아이를 많이 챙겨주지요. 좋아하는 선생님이나 친구들을 위해 감동언어를 표현할 줄 알고 타인을 배려하는 만큼 자신도 사랑받기를 원합니다. 오리의 마음을 얻기 위해 노력하고 표현하는 개구리처럼 핑크 아이는 사랑받기 위해 끊임없이 노력하는 아이입니다.

핑크 아이는 작은 것에 상처를 잘 받고 꾹 참을 수 있어요. 핑크 아이의 감정을 세심하게 배려하는 것은 꼭 필요합니다. 어릴 때 배려받지 못한 핑크 아이는 어른이 되어서도 내면 아이의 상처로 오래 남을 수 있다는 것을 기억해주세요.

11

최고가 되고 싶은
골드 아이

"엄마 나 요리 배울래요." "엄마 나 검도 하는 거 어때요?" 성원이는
또 엄마를 조른다. 이거저거 하고 싶은 게 많은 아이다.

빠듯한 형편에 꼭 필요한 것만 배우면 좋겠는데 어째 그리 배우고 싶은 게 많을까 싶다. 다른 엄마들은 아이가 하지 않아서 걱정이지만 성원이는 너무 욕심이 많다. 하고 싶은 게 많아서 탈이다. 하지만 끝까지 배우지 않고 중도에 그만둔다. 이리저리 잠깐씩 배우는 게 얼마나 많은지 모른다. 성원이만의 재능을 찾아주기 위해 원하는 것을 해주긴 하지만 가끔 학원비가 아깝다. 그런데도 성원이는 여러 가지를 도전해 보려고 한다. 엄마는 한숨이 나온다. 한 가지를 꾸준하게 배우면 좋을 텐데 새로운 도전을 좋아하는 아이의 고집을 꺾을 수 없다.

"엄마 나 반장 되고 싶어요." 갑자기 반장이 되고 싶다고 공약을 골라달라고 한다. 맞벌이하는 엄마는 아이가 반장이 되면 반장 엄마로서 학교 일을 해야 하는 건 아닌지 걱정된다. 내향적인 엄마는 나서는 것도 싫고 사람들 눈에 띄는 것도 싫다. 그러나 성원이는 엄마와 달리 친구들을 이끄는 리더십이 있다.

성원이는 늘 빛나고 싶어 하고 인정받고 싶어 한다. 연예인 기질이 있는 건지 아이들 앞에서도 당당하고 재치 있는 행동으로 인기가 많다. 부모에게 원하는 요구 조건도 많아서 엄마는 성원이가 때로는 부담스럽게 느껴진다. 욕심도 많고 승부욕도 많고 인정욕구도 많은 성원이는 옆집 엄마가 부러워하는 스타일이다. 물론 엄마도 성원이가 자랑스럽고 기특하다. 하지만 힘들게 하는 부분을 옆집 엄마는 아마 모를 것이다.

성원이의 승부욕은 때로 엄마의 얼굴을 화끈하게 달아오르게 한다. 무조건 이기고 싶어 하는 성원이는 지게 되면 분을 못 이겨 씩씩댄다. 그리고 어떨 때는 욕을 하며 소리를 지르기도 한다. 하루는 게임에서 졌다고 친구에게 소리를 지르는데 엄마가 무안하기까지 했다. 성원이에게 친구의 감정을 이해시켰다. 지는 것을 힘들어한 성원이지만 오랜 노력 끝에 진다는 것에 새로운 의미를 부여했다.

"그래, 질 수도 있는 거지. 다음엔 내가 이길 거야." 칭찬과 격려로 인정받고자 하는 마음이 승패를 받아들이기 시작했다. 칭찬과 인정을 받고자 하는 마음이 많을수록 아이의 마음은 불안해진다. 그래서 때로는 긴장하고 예민해질 때가 있다. 자신이 원하는 대로 이루어지지 못할 것 같아 자신을 더욱 채찍질한다.

골드 아이의 성향을 지닌 성원이는 무엇이든 잘할 수 있는 자신감이 있다. 노력하면 된다고 생각한다. 다른 친구보다 잘나고 싶고 친구들에게 영향력 있는 사람이 되고 싶어 한다. 학급 임원이나 전교 회장을 나가는 데 주저함이 없다. 힘의 논리로 때로는 친구들을 무시하는 경향도 많다. 자신보다 능력 있는 친구들과 교류하기 좋아한다. 그러나 평범한 친구들을 따돌리지 않도록 조심해야 한다. 자존심이 강해서 자신의 잘못을 쉽게 인정하지 않을 수 있다. 대화를 통해서 감정교육을 통해서 타인의 마음을 이해하는 법을 배운다면 누구보다 빛나는 아이가 될 것이다.

골드의 균형을 맞추는 컬러는 터콰이즈 에너지다. 타인의 인정과 성취감을 목표로 하는 골드 아이에게 자신만의 만족감과 독립적인 사고로 내면의 힘을 기를 수 있도록 돕는다.

- 세분된 계획표를 짜도록 돕는다.
- 친구들과 같이하는 수업이나 학원을 좋아한다.
- 과도한 칭찬으로 '이 정도면 되는 건가?' 하며 중도에 그만둘 수도 있다.
- 구체적인 칭찬을 좋아한다.
- 경쟁력보다는 자기 자신을 이길 수 있게 제안한다.
- 작은 목표들을 세분화한다.
- 다재다능함으로 여러 가지를 경험할 기회를 준다.
- 결과 이외에 과정도 중요하게 생각하도록 돕는다.
- 욕심이 넘쳐 지나친 경쟁력이 되지 않도록 한다.

그림책을 통한 골드 감정 테라피

《슈퍼 거북》
지은이 : 유설화
그린이 : 유설화
책 펴낸 곳 : 책 읽는 곰

엄마 톡 - 엄마가 말해요

토끼와 거북이의 경주에서 누가 이겼을까요? 많은 동물의 예상을 뒤엎고 거북이가 경주에서 이겼답니다. 그러자 동물 친구들은 거북이의 흉내를 내며 슈퍼 거북이를 따라 했어요. 거북이의 행동 하나하나를 주시하며 얼마나 빠른지 기대를 하지요. 동물 친구들의 기대에 부응하기 위해 빠르게 달리는 방법을 머리 싸매며 연구를 합니다. 그리고 달리기 연습도 열심히 해요. 날이면 날마다 최선을 다해서 연습하니 조금씩 빨라지기 시작합니다. 역시 슈퍼거북이란 소리를 들으면서 피나는 훈련을 꾸준히 합니다.

동물들은 역시 최고라며 칭찬합니다. 하지만 거북이는 너무 지쳤습니다. 느릿하게 걸으며 꽃도 보고 책도 보고 느긋하게 살고 싶었습니다. 거울 속의 슈퍼거북은 천년 정도 늙어 보였습니다. 그러던 어느 날 토끼가 도전장을 내밀었습니다. 거북이는 연습한 대로 토끼를 제치고 열심히 달릴 수 있었어요. 너무 달려서 바위에서 잠시 쉬다가 잠이 들어버려 토끼가 이기고 말았답니다. 거북이의 기분은 어땠을까요. 동물들은 또 토끼가 돌아왔다며 거북을 거들떠보지도 않았어요. 거북이는 집에 돌아와서 정말 단잠을 잘 수가 있었답니다. 아마 천성적으로 느린 자기 모습 그대로 살 수 있다고 생각하니까 마음이 편해졌나 봅니다.

아이 톡 - 아이의 생각을 말해요

- 달리기를 못 하는 거북이가 연습하면서 마음이 어땠을까?
- 친구보다 잘하고 싶은 활동이 있니?
- 슈퍼거북이라는 별명을 듣는 거북이의 기분은?
- 경기에서 진 거북이의 속마음은 어떨까?
- 편안한 기분을 색으로 칠한다면 어떤 색으로 칠하고 싶어?
- 하고 싶지 않은데 칭찬받기 위해 하는 행동이 있니?
- 자기 자신을 있는 그대로 인정한 거북이에게 해주고 싶은 말이 있을까?

자신의 기질대로 살아가는 것이 가장 큰 행복입니다. 성취감과 노력을 통해 열매를 맺는 것을 즐기는 아이가 있지만 느린 대로 하나씩 자신의 할 일을 묵묵히 하는 아이도 있습니다.

즉 승부욕이 강해서 늘 경쟁을 즐기는 아이가 있고 경쟁보다는 편안하고 안정적인 것을 원하는 아이도 있습니다. 골드의 아이는 도전하고 경쟁해서 자신이 빛나고 인정받는 것을 좋아합니다. 빛과 그림자는 하나이듯이 도전하고 경쟁하고 승부욕이 높은 아이의 마음은 두려움도 큽니다. 그 두려움을 이기기 위해 열심히 노력하고 나아가기도 하지만 슈퍼 거북처럼 지치기도 합니다.

자신의 기질과 달리 타인의 평가에만 신경 쓰면 지쳐버릴 수 있습니다. 진정한 행복은 자신의 마음이 움직이는 것 나다움으로 살아가는 것입니다. 우리 아이들이 진정한 나다움으로 살아갈 수 있도록 아이의 컬러 기질을 인정해주세요.

독립적인
터콰이즈 아이

승혁이는 친구들과 노는 것도 즐겁고 혼자서도 잘 노는 아이다.

혼자 놀면 여러 가지 상상력을 발휘해서 나만의 놀이터를 만들 수 있

다. 친구들과도 잘 어울리지만 승혁이는 혼자인 시간이 좋다. 그런데

엄마는 늘 불만이다. '사회성이 없는 걸까? 왜 혼자 놀지?'라는 걱정이 많다. 혹시 승혁이가 왕따를 당하는 것은 아닌지 불안하다. 승혁이는 어떤 규칙에 얽매이거나 친구들과 똑같이 무엇인가를 해야 하는 것을 싫어한다. 그래서 유치원도 가기 싫어했고 지금의 학교생활도 좋아하지 않는다.

승혁이가 제일 싫어하는 말 "친구들처럼 너도 이렇게 해봐." 나는 난데 왜 똑같이 해보라는 건지 승혁이는 도저히 이해할 수가 없었다. 승혁이는 생각한다. '내가 원하는 수업만 받았으면 좋겠다'라고 말이다. 선생님도 고르고 싶고 친구도 고르고 싶고 공부할 것도 고르고 싶어 한다. 엄마는 대학생이 되면 그렇게 할 수 있다고 말해주었지만 승혁이는 뾰로통하다.

재밌는 생각들로 깜짝깜짝 놀라게 해주는 승혁이의 창의성은 뛰어나다. 사물을 보는 관점이 남다르다고 할까. 엉뚱하고 재미있는 상상력이 풍부하다. 그래서 재치 있는 이야기로 친구들을 웃겨 인기도 많다. 다양한 예술가적인 활동으로 친구들에게 눈에 띄는 존재감을 발휘하기도 한다.

다른 사람들의 시선을 그다지 신경 쓰지 않는다. 다른 친구들이 모두 펭귄 캐릭터 '펭수'에 관심이 있다면 승혁이는 절대 좋아하지 않는다. 남들과 같은 옷, 신발, 소지품 등 같은 것을 소유하는 것을 너무 싫어한다. 자기를 나타낼 수 있는 독특한 아이템을 선호한다. 호기심도 많아 새로운 무언가를 배우는 것에 흥미를 느낀다. 승혁이는 하고 싶은 것은 꼭 하려는 자유로운 영혼이다.

자신이 중요하게 생각하는 부분만 건드리지 않는다면 허용적이고 쿨해서 친구들에게 인기가 많다. 친구들은 좋아하지만 정작 승혁이는 스스로 왕따 되는 것을 겁내지 않는다. 꾸미지 않는 느낌 그대로의 말투는 매우 직선적이어서 때로는 친구들에게 상처를 주기도 한다. 승혁이는 매우 독립적이라 어릴 때부터 잠잘 때도 자신의 방에서 뒹굴거리다 혼자 잠을 잔다. 그래서 엄마를 편안하게 만들기도 했다.

개인주의가 강해서 내가 원하는 것이 다라고 생각한다. 다른 친구들처럼 하라는 말을 제일 싫어하고 비판적으로 따질 때가 있다. "내가 왜 똑같이 행동해야 하나요? 그 친구는 그 친구고 저는 전데요"라며 똑같은 것을 강요당하는 것을 싫어한다.

공감 능력이 부족해서 친구들의 마음을 서운하게 할 때가 많다. 부모에게도 맞는 말이지만 냉정하게 말하기도 한다. 친구 간에는 사이다 같이 시원하게 말한다고 좋아하는 친구들도 있다. 승혁이는 여러 친구와 어울리는 것이 가끔은 피곤하다고 생각한다. 소수의 친구와 어울리기 좋아하고 혼자 있는 것을 좋아해서 친구들과 같이 활동하는 것을 그닥 선호하지 않는다.

다른 사람을 배려하는 것보다 자신의 감정이 중요하다고 생각한다. 영리하고 무엇이든 잘하려고 노력하는 아이다. 자기를 알아주지 않으면 말을 하지 않기 때문에 표현을 자주 하도록 돕는 것이 좋다.

터콰이즈의 균형 컬러는 골드 에너지다. 자신만의 창조성과 아이디어가 생각으로만 끝나지 않도록 골드의 끝없는 도전과 변화시킬 수 있는 힘이 균형을 이룬다.

터콰이즈 아이의 학습 포인트

- 혼자 공부하는 시간을 갖게 한다.
- 대형학원보다는 과외형이 도움을 줄 수 있다.
- 여러 가지를 한꺼번에 실행할 수 있다.
- 끈기를 가지도록 돕는다.
- 다양한 교육법으로 지루하지 않게 하고 여러 가지 활동을 같이하도록 한다.
- 자신이 좋아하는 방식으로 학습할 수 있게 선택권을 준다.
- 세세하게 관여하지 않는다.
- 시간계획표도 스스로 세우게 하고 지키게 한다.
- 자신의 가치를 알아줄 때 자기의 할 일을 잘한다.

그림책을 통한 터콰이즈 감정 테라피

《나는 갈색이야》
지은이 : 줄리아 쿡
그린이 : 브리짓 반스
옮긴이 : 공경희
펴낸 곳 : 찰리북

갈색 색연필은 고민이 많습니다. 빨간색은 인기가 많아서 많이 쓰이고 노랑이는 명랑한 친구입니다. 보라는 기발한 생각을 잘하고요. 이야기를 잘 들어주는 분홍이와 싸움을 잘 말리는 하양이. 믿음직한 초록이와 정직한 연두, 재밌는 주황, 속상한 친구들을 잘 안아주는 파랑이를 보며 자신이 인기 없는 것을 속상해합니다.

자신이 맘에 안 들어 속상한 갈색은 파랑이를 찾아가서 고민을 말합니다. 파랑이는 친구를 사귀는 일은 멋진 그림을 그리는 거니까 적당한 색을 잘 쓰라고 조언해줍니다. 답답해서 연두를 찾아갔어요. 연두는 정직하게 말해주네요. 좋은 친구를 사귀려면 너부터 좋은 친구가 되라고요. 연두는 갈색이의 단점을 솔직하게 말해줍니다.

"너는 투덜대고 다른 친구들의 마음을 알려고 하지도 않아"라고 말입니다. 갈색이는 빨강이도 찾아가서 부러움을 호소했어요. 넌 인기가 많아서 많이 쓰이니까 키가 작아서 좋겠다고 말이죠. 그런데 빨강이는 갈색이처럼 키가 컸으면 좋겠다고 말합니다. 빨강이가 친구를 사귀려면 나부터 좋은 친구가 되어야 한다고 합니다. 갈색이는 자신이 좋은 점이 없다고 낙심하지만 빨강이가 갈색의 좋은 점을 나열하고 운이 좋다고 칭찬합니다.

운이 좋은 것이 무엇인지 검정이가 이야기해주죠. 모든 색을 합한 게 갈색이라는 것을 말이에요. 다른 색의 모든 좋은 점을 다 가지고 있어서 섞인 색이라는 것을요. 갈색이는 친구들의 말대로 다른 친구를 미워하지 않고 투덜대지 않고 무시하지도 않았어요. 자기 자신을 사랑했어요. 그리고 자신의 장점을 이용해서 친구들을 돕기 시작했지요.

아이 톡 - 아이가 말해요

- 갈색이가 다른 색연필에게 어떤 것을 부러워했니?

- 인기가 없는 갈색이의 기분은 어떨까?

- 갈색이가 친구들을 위해서 어떤 행동을 했니?

- 어떤 색깔을 가진 친구가 마음에 드니?

- 네가 가진 장점은 무엇이니?

- 네 친구들의 장점은 무엇이니?

- 나를 사랑하고 인정하는 마음을 어떤 색으로 칠하고 싶니?

컬러 톡 - 컬러가 말하는 생각 주머니

아이들에게 친구를 사귀는 것은 매우 중요합니다. 모든 컬러에는 각자 가지고 있는 장단점이 있습니다. 무엇보다 자신을 사랑하는 힘이 있어야 합니다. 그리고 자신의 장단점을 잘 알아야 합니다. 자신을 사랑하고 자신의 성격을 잘 아는 아이는 친구를 존중할 줄 압니다. 마음이 긍정적인 아이는 친구의 장점을 본받을 줄 압니다.

부정적인 아이들은 질투로 자신의 마음을 힘들게 하기도 합니다. 우리 아이들이 모든 친구를 인정할 수 있도록 도와주세요. 모두가 일등이고 모두가 소중한 존재지만 각기 다른 색다름을 가지고 있음을 알려주세요.

색다름을 인정하고 나만의 아름다움으로 당당해지는 우리 아이들이 될 수 있도록 도와주세요. 비교언어는 색다름을 인정하는 것이 아니라 자존감을 상실하게 만드는 언어입니다. 비교언어가 아니라 인정언어를 사용해주세요.

Chapter 4.
부모와 아이의
컬러 동상이몽

• 01 •

성격 급한 레드 부모

VS

느긋한 블루 아이

모성애를 대표적인 색으로 나타낸다면 레드와 블루로 나눌 수 있다. 레드의 모성애는 특히 아이를 위해서라면 뭐든 할 수 있다. 우스갯소리로 만일 사고가 나면 가장 먼저 아이를 구출할 수 있는 부모가 레드 부모라고 한다. 그만큼 강한 힘이 있다. 외향적인 그들은 뭐든 열심이고 리더십이 있어 앞서는 것을 두려워 하지 않는다. 레드 부모는 대부분 아이도 자신처럼 무엇이든 열심히 하고 당당하길 원한다.

레드 부모는 욕심이 많고 승부욕도 강하다. 그래서 내 아이가 1등

이어야 하고 잘나야 하고 다른 아이들보다 빠르기를 원한다. 리더십 있는 아이를 원하며 아이를 위해 여러 가지를 적극적으로 지원한다. 아이가 최고이기를 바라는 레드 부모들에게 운명의 바람은 가끔 비켜나간다.

"선생님 미치겠어요. 제가 무엇을 잘못 키웠을까요. 아이가 느려 답답해 죽겠어요. 문화센터도 안 가고 집에서 꼼지락꼼지락하고 있고, 운동도 싫어해요. 움직이는 것 자체를 싫어해요. 휴…. 말을 하면 물끄러미 쳐다만 보는 것도 너무 답답하고요. 빨리빨리 대답이나 하면 좋으련만. 대답 한번 들으려면 속이 터져 죽겠어요."

블루 아이는 신중하다. 실수할까 두렵다. 내향적이어서 친구들과 어울리며 떠들썩하게 노는 것보다 집에서 책 읽고 장난감도 조용히 가지고 노는 것을 좋아한다. 블루 아이의 부모에게 물어본다. "어머니 우리 선미 자랑 좀 해주세요. 어떤 아이인지 궁금해요."

엄마의 대답이다. "우리 아이는요, 조용하고 말썽도 없어 키우기 쉬웠어요. 항상 말 잘 듣고 어떨 때 애어른처럼 얘기해서 깜짝깜짝 놀라요. 제가 힘들고 피곤할 때 '엄마 아프지 마, 약 사다 줄까요? 엄마 아프면 내가 속상해'라고 해서 놀라기도 했어요. 남편보다 낫다는 생각에 눈물이 핑 돌았죠!"

아이에 대한 자랑이 끊이질 않는다. 느리지만 한번 시작하면 완벽하게 해내서 깜짝 놀란다고 한다. 생각이 어른스럽고 차분하고 공부도 잘하고 신뢰가 간다고 침이 마르도록 칭찬한다. 근데 무엇이 문제일까?

엄마는 여러 가지를 말한 후 스스로 깨닫는다. 자신의 욕심이라는 것을 알고 고개를 끄덕인다. 성격에 좋고 나쁨이 없다. 다만 플러스와 마이너스, 남과 여, 빛과 그림자, 밝음과 어두움이 있듯이 성격에도 외향적인 아이의 장단점, 내향적인 아이의 장단점이 있다. 이것은 동전의 양면성과도 같다. 이래도 내 아이, 저래도 내 아이다. 상대에 따라 다르게 느껴질 수 있다는 게 중요하다. 만약에 엄마가 블루 엄마였다면 아이의 기질이 답답하게 느껴졌을까? 그렇지 않다. 자신과 다른 성격의 아이를 대한다는 것은 부모로서 양육이 힘들다고 느끼게 한다.

블루 아이들은 모범생 기질이 있어 큰일을 저지르거나 과격하지 않다. 새로운 것을 낯설어하고, 생각이 많은 아이이다. 레드 부모의 호기심과 열정 행동력 등이 아이에게는 부담이 될 수 있다. 하지만 레드의 외향적 부모들은 욕심과 강박관념으로 아이를 몰아세워 블루 아이를 더 두렵고 내향적으로 만든다는 점을 기억하자. 그럼 레드 계통의 외향적 부모는 블루 계통의 내향적 아이에게 어떻게 맞춰주면 좋을까?

아이의 자아존중감을 지켜주세요

1. 블루 아이들의 에너지는 바로 자신의 내면에서 에너지가 나옴을 인정하고 기다려주자. 빨리 결정하고 서두르라는 재촉보다는 언제까지 생각해달라고 부탁해야 한다. 블루 아이는 자존심이 높은 편이다. 레드 부모는 명령조로 말하는 경우가 많아서 아이의 마음을 상하게 한

다. 블루 아이의 마음을 빨리 움직이려면 부탁하거나 제안하는 말투가 더 효과적이다. 블루 아이들은 스스로 움직이고 싶을 때 움직이는 스타일이어서 부탁하면 들어줄 확률이 높다. 그러나 꼭 알아야 할 것은 블루가 그 말을 들어주고 싶은 시간대는 본인이 정한다는 것이다.

2. 레드 부모는 블루 아이 물건에 함부로 손을 대서는 안 된다. 빨리하는 것을 좋아하는 레드 부모가 블루 아이의 책상 정리를 마음대로 하지 말자. 엄마 마음대로 하면 아이는 불같이 화를 낼 것이다. 아이가 건드리지 말라고 부탁했다면 답답해도 그냥 놔둬야 한다. 아이의 책상을 건드린 부모에게 화가 난 아이는 이렇게 행동한 경우도 있다. 아이는 엄마가 열심히 정리한 집안 물건을 거실에 마구 흩어 놓은 후 소리를 지른다. "이러니까 엄마도 싫지? 내 책상은 내가 정리한다니까, 놔두라고 했잖아!"

3. 블루 아이는 성급하고 실수를 저지르는 레드형 부모를 한심하게 쳐다볼지 모른다. 아이에게 필요한 정보를 가장 많이 제공하는 부모가 바로 레드 유형이다. 필요한 정보는 많이 주되 생각하고 결정하는 권한은 아이에게 주고 기다리자.

4. 아이가 자기 의견을 말할 때 답답해도 기다리자. 마음이 급한 레드 부모는 아이의 말을 빨리 듣고 해결책을 주기를 원한다. 블루 아이는 이성적이고 객관적이다. 감정에 치우친 부모의 말은 아이의 입을 계속 닫게 만들 수 있다. 아이에게 기다리고 질문함으로써 진정으로 아이가 원하는 게 무엇인지 말할 수 있도록 돕는다.

5. 아이의 모든 것을 알고 싶겠지만, 지나치게 물어보거나 관여하지 말아야 한다. 개인 생활을 존중해주어야 한다. 독립적인 존재임을

인정해주며 믿어줄 때 아이는 사랑받는다고 느낀다. 블루 아이들은 지금 그 순간의 잘못만을 가지고 이야기해야 한다는 것도 잊지 말아야 한다. 레드 부모들은 화가 나면 옛날 일부터 순서대로 잔소리하는 경향이 있다. 블루 아이는 귀를 닫아 버리고 멍하게 있을 수 있다. 그래서 엄마들은 하소연한다. 아이가 한 귀로 듣고 한 귀로 흘린다고 말이다. 여러 번 말하는 것을 싫어하는 블루 아이의 특성을 이해하자.

타고난 기질을 이해하지 못하는 부모들은 내 속에서 나온 자식인데 왜 나와 다른지 답답해 한다. 그리고 "대체 누구를 닮은 건지" 하면서 배우자를 원망한다. 자기 개념은 타인으로부터 생긴다. 부모와 다른 기질과 성격으로부터 존중받지 못하고 부정적인 언어를 듣고 자란다면 아이의 자기 개념은 부정적이 된다.

내 아이의 긍정적인 빛의 잠재력을 인정해주고 매일매일 일깨워준다면 아이는 자신감을 가지고 힘든 세상을 살아갈 용기를 얻는다. 긍정적인 나 자신에 대한 개념은 결국 타인을 이해하게 되는 바탕이 된다.

• 02 •

함께가 좋은 오렌지 부모
VS
혼자가 좋은 터콰이즈 아이

오렌지 컬러를 좋아하는 미연 씨가 있다. 성격이 좋아서 모임도 많다. 재밌는 이야기를 잘해서 주변 사람들에게 인기가 있다. 슬프고 화가 나는 상황들을 공감해야 하는데 위트 있는 말솜씨로 사람들을 웃을 수밖에 없게 만든다. 순간순간 자기의 기분과 느낌을 생생하게 잘 표현하는 사람이다.

"성격은 타고날까요? 아니면 후천적인 환경에 좌우될까요?"라는 내 질문에 미연 씨는 1초의 망설임도 없이 타고난다고 말한다. 아이가 뱃속에서 움직이는 태동도 다른 사람과 달랐고 산후조리원에서도 갓 태어난 아이를 비교해보면 뭔가 다르다는 느낌을 받았다고 한다.

"우리 아이는요, 정말 저랑 다른 것 같아요. 아마 아빠 닮았나 봐요. 똑같이 속 터지게 하는 것 보니까요. 저는 사교적이거든요. 사람들과 함께 어울리고 즐기는 것이 좋은데 아이는 왜 혼자 놀기를 더 좋아할까요? 아이 아빠는 친한 친구도 많지 않고 말도 별로 없어요. 재미없는 남자예요. 아이가 아빠를 닮았나 봐요. 한 번 고집 피우면 장난 아니고요. 낯가림도 심해요. 남편은 부부 모임이나 사람들과 어울리는 자리도 싫어해요. 아이는 문화센터를 데리고 가려 하면 안 간다고 그러고 왜 아이랑 아빠가 둘 다 힘들게 하는지 속이 터져 죽겠어요. 아니 얼마나 즐거워요. 사람들과 어울리면…. 도대체 왜 그런 거죠. 이해가 안돼요. 그래서 저는 둘이 남겨 놓고 저만 나가요. 이 두 사람을 보면 참 재미없게 산다 싶죠. 남편은 어른이라 제가 어찌할 수 없다는 걸 알아요. 그런데 아이는 사회성이 좋았으면 하거든요. 우리 아이는 친구들과 노는 것보다 혼자 블록을 하거나 그림 그리는 것을 좋아하네요. 제 마음이 답답해서 미칠 것 같아요!"

미연 씨는 터콰이즈 성격을 가지고 있는 아이의 독립심을 이해하지 못했다. 터콰이즈 아이는 혼자 있는 공간과 자기만의 시간을 소중히 여긴다. 그 안에서 에너지를 얻는 아이다. 그렇다고 친구들과 노는 것을 싫어하는 것은 아니다. 다만 자기 영역에 침범하는 것을 좋아하지 않는다. 친구들과 놀아도 좋지만 혼자 놀아도 상관없다. 자기만 건드리지 않고 간섭하지 않으면 된다.

터콰이즈 아이는 엄마가 마음대로 결정하는 것을 싫어한다. 문화센터의 과목을 결정하고 자기를 보내는 것을 못마땅해할 수 있다. 터콰이즈 아이는 잠들 때도 부모의 도닥임 없이 뒹굴다 그냥 잠들기도 한다. 친구들과 똑같은 장난감에는 별 관심이 없다. 남과 다른 나를 좋아하는 아이는 재밌는 생각과 아이디어가 있지만, 부모에게 잘 말하지 않는다. 오렌지 부모는 아이를 존중하고 아이의 생각을 경청하는 연습을 해보자. 터콰이즈 아이들의 독특하고 재미있는 이야기를 들을 수 있을 것이다.

터콰이즈 아이들은 매우 순수하다. 꾸밈없이 솔직하게 자기의 감정을 있는 그대로 말한다. 그러다 보니 오렌지 부모의 여린 마음에 때로는 서운함을 안겨준다. 그렇다면 오렌지 부모는 어떻게 터콰이즈 아이들과 좋은 관계를 유지할 수 있을까?

인정해주세요

1. 터콰이즈 아이의 독특한 생각과 아이디어를 인정해준다. 이해하고 맞장구쳐 준다면 부모를 좋아할 것이다. 터콰이즈 아이들은 자신의 독특한 사고방식을 이해하는 사람을 친구라 생각한다. 굳이 많은 사람과 교제하기보다는 이해해주는 한두 명의 친구만 있어도 만족한다.

2. 아이에게 혼자 있는 시간과 공간을 제공해준다. 오렌지 부모의 호기심을 강요하지 않도록 하자. 아이의 관심은 다른 것일 수 있다. 꼭 의견을 물어봐 주는 것이 좋다.

3. 남들과 다른 나를 선호하는 아이다. 다른 사람과 똑같은 선물

이나 요즘 유행하는 선물은 좋아하지 않는다. 독특하고 하나밖에 없는 선물로 아이의 마음을 움직여보자.

4. 자기만의 개성을 중요시하는 아이의 마음을 인정하고 독특한 창조성을 발휘하도록 격려하자. 늘 자신이 하고 싶은 것에 대해 고민이 많은 아이다.

터콰이즈는 남과 다른 나를 두려워하지 않는다. 터콰이즈 아이의 호기심과 자유로움을 인정해주자. 자기만의 독특한 것을 만들 수 있도록 격려하는 멋진 부모가 되길 바란다.

• 03 •

따뜻한 핑크 부모
VS
차가운 인디고 아이

소녀의 감성을 오래도록 간직하고 있는 유리 씨. 늘 상냥하고 예쁜 웃음으로 선생님들을 격려하며 피곤한 마음에 비타민 같은 상큼함을 전해주는 핑크 부모다. 선하고 여린 눈에 "선생님 저 좀 도와주세요"라는 간절한 눈빛이 느껴진다.

"선생님 저는 우리 아이가 너무 어려워요. 아이인데도 제가 눈치를 봐야 해요. 말도 없고 잘 웃지도 않고, 물론 자기 일 똑바로 하고 책도 많이 읽고 공부도 잘해요. 그런데 저는 그 아이가 너무 차갑게 느껴져서 상처를 받아요. 어릴 때부터도 한번 화가 나면 풀리지 않아요. 유치원 때 깜빡하고 체육복을 안 입혀 보냈는데 화가 나서 종일 우울해했대요. 선생님이 아무리 괜찮다고 달래줘도 아이는 활동을 거의 하지 않았다네요. 아이한테 사과를 많이 했죠. 엄마가 깜빡 잊어서 미안하다고, 다음엔 잘 기억하겠다고. 그렇게 한참 사과한 후에 풀렸어요. 기억력은 좋아서 그 일이 생각날 때마다, 그때 엄마가 안 챙겨줘서 너무 창피했다는 거예요. 에휴….”

한숨 쉬는 엄마가 사랑스러웠다. 그리고 아이에게 미안한 마음을 진심으로 사과하는 핑크 엄마의 감정이 사랑스럽게 느껴졌다. 자녀를 한 인격체로 존중하는 마음은 핑크 부모의 큰 장점이다. 자녀가 어려도 아이의 감정을 존중해서 미안해하고 아이가 받을 상처에 대해 생각하며 사과할 줄 안다. 미안할 때 미안하다고 말할 수 있는 용기 있는 핑크 부모들을 존경한다. 권위적인 태도보다는 어린아이지만 존중하는 핑크 부모기 때문이다. 이들은 아이와의 약속을 꼭 지키려 하고 아이의 감정을 공감하려고 노력한다.

핑크 부모들은 사랑이 최고라는 가치관을 가지고 자녀에게 헌신적이며 최선을 다한다. 때로는 집착이 될 수 있어 조심해야 한다. 인디고의 이성적이고 논리적인 사고형 아이들은 명확하고 간결하고 정확한 것을 좋아한다. 핑크 부모의 지나친 사랑과 보살핌이 인디고 아이가 느끼기에 때로는 부담스럽다. 아이가 크면 오히려 부모가 아이같이 느껴져서 부모에게 충고하기도 한다.

핑크 부모들에게 아이의 컬러와 특징을 알려주면 안도의 한숨을 쉰다. 그리고 부모를 미워해서가 아니라 이성적이고 냉철한 아이의 기질이었음을 이해하며 가슴을 쓸어내린다. 핑크 부모는 아이에게서 사랑받고 싶다. 가장 두려운 것이 아이에게 외면받고 인정받지 못하는 것이다. 자신의 사랑이 잘 전달되고 아이가 부모를 최고로 좋아하기를 기대한다. 부모의 헌신적인 태도에 인디고 아이는 마음속 깊이 감사하지만 표현하기 어렵다. 그래서 핑크 부모는 전전긍긍한다. '내 사랑이 부족한 것은 아닐까' 하고 말이다.

감성보다는 논리가 필요해요

1. 인디고 아이의 관계를 위해서 핑크 부모들은 스스로 상처받지 않아야 한다. 무슨 일이 생기면 감정적으로 지나치게 확대한다. 그래서 문제가 커져 스스로 감당하지 못할 때가 종종 있다. 인디고 아이는 가식적으로 꾸며 말하기보다 논리정연하게 말을 한다. 감정적으로만 접근하면 인디고 아이는 피곤함을 느끼고 말을 하지 않으려고 한다. 먼저 아이의 논리를 인정하고 수용하는 연습을 하자.

2. 인디고 아이들에게 감정을 전달할 때는 아이가 이해할 수 있는 정확한 근거를 들어야 한다. 만약에 아이가 화가 났다면 스스로 이야기할 수 있도록 기다려주는 것도 좋은 방법이다. 핑크 부모는 기다리는 것을 어려워해서 아이에게 미안하다는 말을 자주 한다. 빨리 관계가 좋아지길 원해서 아이의 잘못도 엄마의 잘못으로 결론을 낼 때가 있다. 아이가 부모의 마음을 이용하게 만들지 말아야 한다.

3. 아이에게 감정을 표현하는 것이 관계에 어떤 영향을 주는지 이해시켜 주자. 사람들이 서로 얼굴이 다르듯 감정 또한 다를 수 있음을 알려준다. 생각이 많은 인디고 아이의 성향을 이해하고 자신의 감정을 표현할 수 있도록 경청해주어야 한다.

4. 핑크 부모는 아이가 커서 의젓해지면 아이에게 의존하는 경향이 있다. 부모의 권위를 잃어서는 안 된다. 아이가 오히려 핑크 부모를 믿지 못하고 걱정할 수 있다.

인디고의 마음은 사고형이다. 이해하고 분석하고 정리하는 힘이 강하기 때문에 간결하고 문제 해결 중심으로 엄마에게 말한다. 반면에 핑크의 마음은 감정형이다. 해결중심보다 공감하고 감정을 읽어주기만 해도 속상한 마음이 풀어진다. 우리는 살아가면서 느끼지 않아도 될 감정들을 잘 몰라서 아파할 때가 있다. 서로의 성격을 이해한다면 쓸데없는 오해로 마음속의 생채기를 남기지 않을 수 있다.

• 04 •

지구인 블루그린 부모
VS
우주인 퍼플 아이

블루그린의 현실적 부모는 자신의 틀이 강하다. 자신의 가치관에 따라 일정한 생활규칙이 있다. 내가 잘하는 일을 서서히 하나하나 완성하여 최고가 되고싶어 한다. 느리지만 인내심을 가지고 마라톤 선수처럼 묵묵히 코스를 따라가는 사람이다. 변화를 싫어하고 익숙한 것을 좋아하는 부모는 상상력이 충만한 자녀가 고민이다.

"선생님 우리 아이가 이상한 말을 해요. '고래와 상어가 싸워서 공룡이 화가 잔뜩 났어요'라며 그냥 뜬금없이 이야기해요. 맥락도 없이 그냥 밥 먹다 말고 다른 이야기의 주제로 흘러가요. 의식의 흐름이 이상한가 봐요. 황당한 이야기들을 생각나는 대로 쏟아내요. 이게 아이의 상상력인가요? 전혀 상황에도 맞지 않는 이야기를 꺼낼 때 아이가 정신적으로 문제 있는지 약간 걱정돼요." 엄마는 진짜 심각한 표정이다. 상상력이 그럴 수 있다는 걸 알지만 뜬금없다는 생각을 지울 수 없다고 말한다.

"특수아동에 대해 공부한 적이 있는데 우리 아이와 비슷한 행동인 거 같아서 불안해요. 갑자기 흥얼거리며 이상한 가사로 노래를 부를 때는 음악적 재능으로 봐야 하는 건가요? 아니면 정신적 세계가 이상한 건가요?"

타고난 컬러가 퍼플인 이 아이는 상상력이 풍부한 우주인 같은 사고를 지녔다. 지구인처럼 현실적인 사고를 지닌 블루그린의 부모는 우주인 퍼플 아이를 이해하기 어렵다. 엄마 자신의 경험과 인식을 넘어서는 우주같은 세계를 포용할 수 없기 때문이다. 엄마는 아이의 퍼플 성향에 관한 이야기를 듣고 안심했다.

경청해주세요

1. 현실 경험 중심의 블루그린 부모들은 퍼플 아이의 말을 무시할 때가 많다. 말도 안 되는 소리를 왜 하는지 이해하지 못하며 흘러버린다. 상상력 가득한 아이의 이야기를 경청하고 들어주자. 아이의 생각을

들어준다면 아이는 더 많은 창조성을 발휘할 것이다. 뜬구름 잡는 것이 아니라 그 이야기가 좋은 아이디어일 수도 있음을 기대하자.

2. 블루그린 부모는 퍼플 자녀가 틀에 박힌 것을 싫어한다는 것을 이해해야 한다. 퍼플 아이들의 귀에는 규칙과 약속을 잘 지켜야 한다는 원리원칙은 잔소리일뿐이다. 이들의 생각은 우주와 같이 넓어서 무엇인가에 자신을 가두어 버린다고 생각하면 답답해한다.

3. 퍼플 아이의 말은 부모의 마음가짐에 따라 다르다. 어떤 부모는 아이가 이상한 거짓말을 한다고 받아들인다. 아이의 비유 같은 엉뚱한 말과 유니크한 언어를 진지하게 받아들인다. 한마디로 유머를 다큐로 알아듣는 격이다. 아이는 더이상 부모와 이야기하기를 꺼린다. 부모는 쓸데없는 감정으로 치부해 반응한다면 아이는 자신의 속마음을 점점 감추게 된다. 아이의 이야기를 가볍게 있는 그대로 공감하고 언어로 반응해주면 아이와 원활한 소통이 가능해진다.

4. 아이가 미래의 비전과 꿈을 말할 때 맞장구쳐주자. 꿈은 수시로 변할 수 있다. 자녀의 꿈을 현실의 잣대로 판단하지 않도록 조심하자. 진지하게 호응하고 실현될 수 있음을 격려하면 자신의 꿈을 위해 노력하는 아이가 될 것이다. 미래 사회 속에 변화를 이끄는 주인공이 될 수 있다.

코로나19가 4차 산업혁명의 변화된 미래를 더 빨리 경험할 수 있도록 했다. 퍼플 아이들의 말도 안 되는 상상력이 정말 현실적으로 이루어지고 있음을 알 수 있다. 만화나 영화로만 상상되던 우주여행이 지금 이루어지고 있으니 말이다.

이제 영성 지수가 높은 사람들이 성공하는 시대가 온다. 로봇이 발전하고 AI의 과학이 아무리 발전해도 인간만이 가질 수 있는 메타 감정 영역을 따라올 수는 없을 것이다. 벌써 우주여행이 현실화한 이 상황에서 퍼플 아이들의 직관력과 상상력은 미래의 가능성일 것이다. 퍼플 아이들을 응원한다. 그들의 상상력과 직관력이 인간의 우수성을 증명할 수 있는 최고의 능력이 될 수 있다.

• 05 •

솔직한 터콰이즈 부모
VS
삐지는 오렌지 아이

터콰이즈 부모들과 상담을 할 때 나는 긴장한다. 일반적인 답을 요구하는 질문에 황당한 대답을 할 때가 많기 때문이다. 가끔 나의 예상을 벗어나는 부모는 단연 터콰이즈 성향의 부모가 많다. 일반적으로 모든 부모는 내 아이가 최고가 되기를 바란다. 간혹 터콰이즈 부모들은 반문한다. 모두가 최고일 필요는 없다고 말이다. 부모의 바른 교육관이 필요함을 말씀드리기 위해 꺼낸 이야기에 반문하는 대답으로 당황하게 만들었다.

터콰이즈 부모들은 기본적으로 모든 사람과 같은 마음을 거부하며 자기 생각을 존중한다. 생각이 독특하고 창의적이며 직선적이다. 매우 솔직하다. 부정적인 이야기를 하지 못해 빙 둘러 말하지 않는다. 그냥 직선적으로 말해서 가끔 타인의 마음에 상처를 주기도 한다.

사고를 뒤집어 볼 수 있는 생각들이 창의적이다. 자신의 관점에 대해 당당하다. 이들은 자녀를 객관적으로 보고 이해하려 한다. 무엇보다 힘들어하는 부분은 따로 있다.

"선생님 저는 육아가 너무 힘들어요. 우리 아이는 호기심도 많아 이거저거 다 하려고 하고 특히 정리 정돈이 안 되는 산만한 방과 지저분한 책상을 보면 한숨이 나와요. 뭐라고 이야기하면 삐지고, 또 금방 풀려 놀아달라고 졸졸 쫓아다녀요. 눈을 쳐다보고 이야기하지 않으면 제 얼굴을 돌려서 쳐다보라고 하지요. 저는 설거지를 하다 말고 아이를 쳐다봐야 해요. 아이는 저에게 칭찬하지 않는다고 화를 내기도 하지요. 칭찬받기 위해 더 과격하거나 과장된 행동을 하면 저는 당황스러워요."

"어머님이 육아를 뒤로 하고 제일 하고 싶으신 것은 무엇일까요?" 이렇게 묻자 어머니는 "저는 혼자 여행을 떠났으면 좋겠어요. 조용한 곳에서 일주일만 있다가 오면 너무 좋죠" 하며 반포기 상태의 웃음을 짓는다.

터콰이즈 부모는 독립적이며 자기 내면에서 에너지를 찾고 싶어 한다. 솟아나는 아이디어나 재밌는 생각들이 혼자 있을 때 많이 생긴다. 쉼과 에너지를 얻고 싶다. 절대적으로 혼자 있는 시간과 장소가 필요한 터콰이즈 부모의 한숨이 안타까웠다.

터콰이즈 부모는 졸졸 쫓아다니는 아이가 힘겹고, 잘 삐지는 아이와의 상호작용이 버겁기만 하다. 그러나 엄마와 아이의 기질 특성을 알고 이해하니 앞으로 덜 힘들 수 있을 것 같다고 말한다. 터콰이즈 부모가 오렌지 아이와 좋은 관계를 유지하기 위해서는 아이의 성향을 이해하는 것이 필요하다.

친구들을 만들어주세요

1. 터콰이즈 부모는 혼자 아이를 상대하려 하지 말고 주변 친구들을 만들어 주는 것이 좋다. 오렌지 아이는 사교적이어서 많은 아이와 쉽게 친해진다. 친구와 노는 시간을 충분히 주자. 엄마를 괴롭히고 같이 놀아주기를 요구하는 것이 조금 줄어든다.

2. 오렌지 아이는 칭찬과 인정받는 것을 너무 좋아한다. 아이는 엄마에게 인정받기 위해 노력할 것이다. 보상심리가 강해 바로 당근을 준다면 더할 나위 없이 좋다.

3. 터콰이즈 부모들의 짧고 굵은 대화법은 아이를 주눅 들게 할 수 있다. 오렌지 아이들은 진지한 이야기들을 흘려버린다. 행동수정을 위해서는 재미있는 게임이나 승부욕을 이용하는 것이 좋다.

4. 감정을 고려하지 않는 말투가 아이의 기분을 다치게 할 수 있으니 주의해야 한다. 부모의 생각도 중요하지만 아이의 감정을 위해 조금만 부드럽게 말해보자.

터콰이즈 부모들은 자기만의 세계가 분명하다. 아이들과 놀아주는 시간보다 자신의 즐거운 시간을 더 소중하게 생각한다. 자신의 세계에서 즐기는 것을 좋아하는 부모는 육아보다는 일을 택하거나 자기의 취미생활을 위해 힘을 쓴다. 아이는 아이의 세상이 있고, 부모는 부모의 세상이 있다고 생각한다. 당연히 관심받기를 너무 좋아하는 오렌지 아이들은 부모로부터 허전함을 느낄 수 있다. 기분이 좋을 때 터콰이즈 부모들만의 독특한 호기심은 오렌지 아이에게 행복감을 줄 수 있다. 행복함을 주는 부모가 되자.

• 06 •

이성적인 블루 부모
VS
감정적인 레드 아이

    블루 부모는 의자에 앉자마자 하소연한다. "우리 아이는 성격이 너무 급해요. 호기심도 엄청나요. 생각 없이 행동하고 실수하고, 답답해 죽겠어요. 매일 혼내도 소용이 없어요. 조금만 생각하면 실수하지 않을 텐데. 너무 힘들어요. 잠시도 가만히 있지 못하고 산만한 아이를 어찌 할 수 없어요. 혹시 ADHD는 아닐까요?"

레드 아이를 잘 알고 있는 나는 블루 부모의 고민이 걱정하지 않아도 되는 것임을 알고 안도의 숨을 쉬었다. 레드 아이는 활달하고 명랑하며 호기심이 많아 무엇이든 해보고자 하는 의욕이 넘친다. 좋아하는 활동을 할 때는 누구보다 집중한다. 칭찬받기를 원하는 평범한 외향적인 아이였기 때문이다.

아이가 자기 생각을 잘 표현하고 요구하기 때문에 담임교사는 활동적인 아이라고 생각하고 있었다. 물론 성격이 급해서 활동하다가 물감을 엎어버리거나 친구에게 주먹부터 나가는 행동을 할 때는 교사도 화가 난다. 하지만 부모님 말씀처럼 ADHD라는 생각을 해본 적은 한번도 없었다.

많은 부모가 걱정 근심으로 전문가의 명쾌한 해결책을 바란다. 혹시 병원 상담이 필요한 것은 아닐까 하며 우려한다.

블루 부모는 레드 아이가 실수하지 않고 신중하게 결정하고 움직이기를 바란다. 그러나 레드 유형의 아이들은 생각이 머리에 있지 않고 엉덩이에 있다. 움직이고 난 후 생각하는 아이다. 경험 중심주의이기 때문에 실패해도 도전이 좋다고 생각하는 아이다. 감정이 먼저 앞서는 아이다. 블루 엄마에게 이 사실을 강조해준다.

블루와 레드의 차이를 굳이 설명하지 않아도 엄마는 컬러 바틀을 보고 고개를 끄덕인다. 그럼 어찌할까요. 엄마들은 특별한 해답을 찾고 싶다. "6살짜리 아이가 35년의 삶을 살아온 엄마의 성향을 맞출 수 있을까요?" 엄마는 고개를 젓는다.

"결국은 제가 다 맞춰야 한다는 말씀이네요." 엄마는 좌절하는 표정으로 말했다. 그러나 이내 밝은 표정을 지으며 말한다. "그럼 병원에 안 가봐도 되는 거네요. 기질이 그렇다는 거죠? 인정해주면 되겠네요. 저는 내심 아이 상태를 걱정했는데 다행이에요. 정상이라서." 그렇다. 아이의 컬러 성격을 인정해주는 것만으로도 우리는 관계의 스트레스를 해소할 수 있다. 다만 다음과 같은 요령이 있다.

움직이게 해주세요

1. 사고형 블루 엄마는 감정형 레드 자녀가 외향적 에너지를 발산하는 힘이 크다는 것을 인정해야 한다.

2. 실수가 많은 아이에게 화내고 혼내기보다는 행동에 관해 설명을 해주는 것이 좋다. 예를 들어 아이의 행동을 사진 찍듯이 읽어준다. "성진아 네가 빨리하고 싶어서 갑자기 움직이는 바람에 물감 물이 바닥에 쏟아졌어. 그래서 엄마가 청소해야 해서 화가 나."

3. 가끔 아이가 에너지를 발산할 수 있도록 좋아하는 공간에서 소리를 지르고 운동할 수 있는 이벤트를 마련해주는 것이 좋다.

4. 레드 아이들은 기다림을 어려워한다. 아이의 말에 부모가 빨리 대응해주는 것이 좋다. 정확한 시간과 기간을 설정하지 않고 '나중에 해줄

게', '이따가 해줄게'라는 막연한 대답들은 아이의 속을 까맣게 태우고 화가 나게 만든다.

5. 원리원칙을 너무 따져 아이 마음을 답답하게 하지 말자. 아이는 아이일 뿐 한번 말한 것을 꼭 지킬 수 없다. 그때마다 원리원칙을 너무 내세워서 과거의 잘못한 일까지 반복해 잔소리하는 일은 피하자.

아이의 마음을 알고 이해해서 실천할 수 있다는 것은 쉽지 않다. 배나무에 배가 열리는 게 당연하다. 배나무에 사과나 바나나가 열리게 하려고 노력하는 것은 쓸데없는 에너지 소모다. 부모가 지치고 만다. 그러나 아이의 나무가 어떤 나무인지 미리 알 수 있다면 그 특징에 맞게 키울 수 있다. 부모가 아이의 타고난 컬러 성격을 인정하고 받아들인다면 아이만의 빛나는 재능을 발견할 수 있다.

• 07 •

꿈꾸는 퍼플 부모
VS
현실적인 블루그린 아이

당신이 퍼플 부모라면 4차원이라는 소리를 많이 들었을 것이다. 남
다른 유니크한 감성을 자랑하는 퍼플 부모는 그때그때 감성에 따라 자

녀와 시간을 보내려고 노력한다. 그날 기분에 따라 부모의 태도가 달라진다면 변화를 두려워하는 블루그린 아이의 마음은 어떨까?

퍼플 부모의 고민이다. "선생님 우리 아이는 변화를 너무 싫어해요. 이사 올 때, 자기가 쓰던 욕조를 버리고 왔는데 새 욕조에 들어가질 않아요. 2~3주 지나서 이제야 발 조금 담그고 있어요. 남자아이가 급할 땐 아무 데서나 쉬를 할 수도 있잖아요. 시골 가는 길에 화장실이 없어서 차에 오줌을 쌌어요! 길가 풀밭도 안 되고, 페트병에 누는 것도 싫고, 꼭 변기에 누어야 한다고 고집하다 그랬지 뭐예요. 한 번 익힌 것이나 습관이 된 것을 바꾸는 일이 너무 힘들어요. 정말 융통성 없어요. 새로운 거에 적응하는 게 그렇게 어려울까요?"

퍼플 엄마는 아이에게 새롭고 신기한 여러 세상을 경험시켜 주고 싶었다. 물론 그때그때 계획했던 것을 자기 마음 가는 대로 바꾼 적은 많았다. 산으로 가고 싶다가 갑자기 바다로 가고 싶은 마음처럼. 하지만 자유로운 감각에서 떠오르는 아이디어들을 아이에게 말할 때마다 아이가 싫어할 땐 답답했다.

유치원 적응기에도 엄마는 등원 시간을 잘 지키지 않았다. 엄마의 컨디션에 따라 달랐다. 그래서 늘 등원 시간은 들쭉날쭉했다. 아이는 적응할 것 같다가도 다시 예민해지기 시작한다. 아이의 짜증과 신경질을 이해하지 못했다. '왜 징징거리는 것일까? 도대체 어느 장단에 맞추라는 거지?' 엄마는 그게 불만이었다.

블루그린의 현실 경험형 아이는 오감으로 보고 배우는 것이 뛰어나다. 경험하고 배운 것은 기억을 잘하고 그대로만 하려고 한다. 학습으로 안 것들을 활용할 수 있는 능력이 있다. 반복 학습으로 하나하나 배우기 좋아하는 아이는 한편으로는 새로운 것을 낯설어하고 겁내기도 한다. 변화가 싫고 익숙한 것이 좋은 블루그린 아이들은 꾸준히 하는 것을 좋아한다. 그래서 인내심이 강하고 집중도 잘한다.

이때 아이를 일관되게 대해야 불안해하지 않는다. 나는 아이 엄마에게 당부했다. 등원 시간을 일정하게 지켜달라고 말이다. 하원 시간에 데리고 갈 때도 지금처럼 그날그날 기분에 따라 시간이 달라져서는 안 된다고 부탁했다.

블루그린 아이의 성격을 안 퍼플 부모는 다음날부터 등·하원 시간을 일정하게 지켰다. 새로운 것을 자주 경험하게 하는 것보다 하나의 경험이 익숙할 때까지 기다려주기로 했다.

일주일 뒤 놀랍게도 블루그린 아이는 짜증을 내지 않고 등원했다. 편안한 마음으로 등원하고 일정한 시간에 하원 함으로써 아이가 예측할 수 있게 도왔기 때문이다. 아이는 더이상 불안함을 느끼지 않았다. 퍼플의 감성적인 부모는 블루그린 유형의 현실적 아이와 어떻게 관계를 좋게 할 수 있을까?

상상하게 해주세요

1. 블루그린 아이에게는 새로운 정보와 활동일수록 더 자세히 설명하고 친절하게 반복해주어야 한다. 한 번이 아니라 여러 번 알려주어야 실천할 수 있다. 부모의 인내심이 필요한 부분이다.

2. 보고 만지고 느끼고 맛보고 하는 감각 활동을 많이 할 수 있도록 도와주어야 한다. 오감 활동으로 다른 것들을 연상할 수 있는 상상력을 발휘할 수 있도록 격려하자.

3. 아이가 순간적으로 떠오르는 아이디어나 재밌는 말을 할 때 적극적으로 반응해줘야 한다. 현실적인 아이가 상상을 발휘한 순간을 구체적으로 칭찬한다. 칭찬은 아이가 여러 가지 상상력을 두려움 없이 표현할 수 있도록 돕는다.

퍼플 부모의 장점은 포용력이다. 블루그린의 아이가 무엇인가 새로운 것을 받아들일 때 느릴 수 있다는 것을 그대로 인정하자. 자신의 마음을 잘 표현하지 않는 아이의 마음을 공감하고 이해해야 한다. 아이는 속상한 마음을 잘 참다가 갑자기 터뜨릴 때가 있을 것이다. 평화로움을 지향하는 블루그린 아이들은 자기 표현을 하지 않고 참을 때가 많기 때문이다. 권위적이면서 변화무쌍한 퍼플 부모라면 블루그린 아이의 변화를 두려워하는 마음을 이해해줘야 한다.

• 08 •

엄격한 인디고 부모
VS
겁많은 핑크 아이

　부모의 양육 방법이 다르면 부부간의 다툼이 많이 생기기도 한다. 유아교육을 전공한 엄마는 아이에게 많은 경험을 시켜주고 싶었다. 인디고의 남편은 아이가 아직 어리므로 지금 경험시키느라 돈을 쓰는 것은 부질없다고 생각한다.

인디고 부모는 아이에게 엄하다. 강하게 커야 하고 자기 일은 자기가 알아서 해야 한다는 생각이다. 남편은 잘 웃지 않았고 자기 일에 완벽했으며 아이를 대하는 태도도 살갑지 않았다. 반대로 아이는 핑크의 사랑스럽고 부드러운 마음을 가지고 있어 마음의 상처를 쉽게 받는 유형이었다.

"아이는 잘 울어요. 겁이 많아서 큰 소리에도 잘 울고 낯가림도 심해요. 무엇보다 아빠를 무서워해서 안가니까 육아는 온통 제 몫이에요. 애교가 많아 웃을 때는 정말 예뻐요. 표현도 얼마나 예쁘게 하는지 너무 사랑스럽죠. '엄마 화장하니까 천사보다 더 예뻐' 이런 말이 저를 행복하게 해준답니다. 아이를 무섭게 대하지 말라고 남편에게 부탁했지만 그대로예요. 남편이 아이를 사랑하지 않는다는 건 아니에요. 다만 아이가 울거나 겁내고 징징대는 것을 싫어하죠."

사람마다 사랑법은 다 다르다. 인디고 부모의 사랑 법은 엄격함이다. 그러나 관계 지향적인 핑크 아이에게 엄격한 사랑은 통하지 않는다.

핑크 아이의 마음은 여리다. 사랑받고 싶고 감정이 섬세하므로 사랑받지 못한다고 생각하면 애착에 문제가 생긴다. 부모가 섬세하게 보살펴주고 안심시켜 주기를 원한다. 조그만 소리에도 예민하다. 혼내거나 무서운 표정에도 다른 컬러의 아이들보다 더 무서워한다.

논리적이고 냉철한 인디고 아빠는 핑크아이의 여린 감정을 공감하지 못한다. 아이가 어른의 기질을 맞출 수는 없다는 것을 인디고 아빠는 꼭 명심해야 한다. 핑크의 감정형 아이를 대할 때는 부드럽고 따뜻해야 한다는 것을 말이다.

첫째와 둘째를 늘 비교하는 엄격한 인디고 엄마가 있었다. 노골적으로 둘째 아이의 언어 발달을 아이의 탓으로만 돌렸다. 나는 핑크 마음을 가진 둘째 아이의 마음이 느껴졌다. 그래서 엄마에게 핑크 마음을 가진 둘째의 컬러 성격을 설명해주었다. 지금과는 다른 방법으로 아이와 소통할 것을 부탁드렸다. 첫째와 둘째의 기질적인 비교로 아이의 학습 포인트를 설명해 드렸더니 엄마는 한참 동안 심각하게 아무 말도 없었다.

그로부터 한 달이 지난 후 아이는 조금씩 말을 하기 시작했다. 계속되는 시행착오를 거치면서 이제는 눈치보지 않고 당당하게 말을 하기 시작한 것이다. 엄마의 태도가 많이 변했음을 상호작용에서 느낄 수 있었다. 엄마는 아이의 컬러 성격을 인정하고 말투를 부드럽게 변하려고 애를 쓰는 모습이 역력했다. 감사하게도 엄마의 노력은 아이의 언어 발달의 문제를 해결할 수 있었다.

사랑한다고 많이 말해주세요

1. 인디고의 엄격한 부모들은 이성보다 감정적으로 아이 마음을 이해할 수 있도록 노력해야 한다. 아이가 소리에 놀라서 울거나 겁내면 "뭐 그런 거 가지고 울어 겁쟁이니?"라고 말하지 말고 아이 마음에 공감해주어야 한다. "무서웠구나. 놀랐구나" 이렇게 말만 해주어도 아이는 편안

함을 느낀다. 공감하는 방법을 잘 모를 때면 이런 방법을 따라 해 보자.

2. 아이가 울고 있을 때는 그냥 울게 하는 것도 좋다. 실컷 울고 나면 카타르시스를 느끼듯 아이들의 마음도 그렇다. 울고 나면 감정을 추스를 수 있는 여유가 생긴다. 부정적인 감정 표현이 다 나쁜 것은 아니다. 자기를 보호하기 위한 수단이기도 하고 자기 자신을 드러내는 소통법이기도 하다.

3. 아이의 감정을 분석하는 것보다 먼저 안아주고 스킨십하는 것도 좋은 방법이다. 핑크 아이들은 스킨십을 좋아하고 안아주면 안정감을 느낀다. 관심과 사랑을 받고 싶은 마음을 몸으로 먼저 읽어주는 것이다. 열 마디 말보다 한 번의 포옹이 더 크게 아이 마음을 움직일 수 있다.

4. 핑크 아이들은 따뜻한 마음을 가지고 있다. 친구를 배려하거나 친절한 태도를 보인다. 동정심도 많다. 아이의 따뜻한 마음을 인정하고 격려해주도록 하자. 세상을 더 아름답게 만들 수 있는 사랑스러운 사람으로 자랄 것이다.

인디고 부모는 입이 무겁다. 마음과 달리 따뜻한 표현보다는 차갑고 냉철하게 표현할 때가 많다. 핑크 아이가 너무 예쁘고 사랑스럽지만 말로 잘 표현하지 못한다. 눈에만 가득하고 마음속에 차곡차곡 쌓아두는 사랑이다. 우리 할아버지 세대, 아빠들의 사랑법이 인디고가 아니었을까? 표현하지 않는 그 묵직한 사랑이 아이가 장성해 부모라는 이름을 얻었을 때 아련히 기억나는 아버지의 사랑. 그처럼 인디고의 사랑법은 절대 가볍지 않은 깊은 사랑이기도 하다.

'만남에 대한 책임은 하늘에 있고 관계에 대한 책임은 사람에게 있다'라는 글귀가 가슴에 와 닿는다. 수많은 컬러를 가지고 있는 사람들과의 인연 속에서 우리는 살고 있다. 그중에서도 자녀와의 인연은 하늘이 지정해준 필연적인 관계다. 이 관계가 깨어지면 그 어떤 것도 소용이 없음을 안다.

부모의 사랑이 내 아이에게 올바로 전해지지 않는 것은 서로의 기질을 이해하지 못함으로 상처를 주기 때문이다. 그 안에는 부모의 욕심이 가득하다. 부모의 욕심은 어쩔 수 없음을 필자도 알고 있다. 머리와 가슴이 따로 움직인다는 것을 말이다. 그래서 우리는 의식적으로 내 아이의 컬러 기질을 떠올리는 연습을 해야 한다.

그리고 부모인 나의 감정이 어느 컬러의 빛과 그림자에 머물고 있는지 생각할 수 있다면 우리는 작은 변화를 통해 감정과 생각 그리고 행동이 빛으로 향하고 있음을 느낄 수 있다.

눈만 뜨고 있다면 우리는 모든 컬러를 볼 수 있다. 그리고 알고 있다면 그 컬러의 에너지들을 내 마음으로 끌어들일 수 있다. 어떤 마음을 버리고 어떤 감정들을 채워야 하는지 컬러를 통해 셀프 힐링할 수 있다. 돈을 들이지 않고 순간적으로 변화하는 내 감정을 이해할 수 있는 방법이다. 이것이 작은 감정의 변화를 모아 행복으로 이끄는 컬러 테라피다.

관계의 행복은 내가 만든 작은 감정들이 모여 만들어진다. 바로 삶을 살아가는 기술이 될 수 있다. 내 마음을 들여다보고 타인의 마음을 들여다볼 수 있는 도구로 늘 가까이에 넘쳐나는 컬러를 이용해보자. 나부터 시작되는 행복이 내 주변을 무지갯빛으로 만들어갈 것이다.

에필로그

　'컬러'라는 낯선 세계를 접하고 글을 쓰기까지 참으로 많은 시간을
물음표로 지냈다. 정말 컬러 에너지가 있을까! 보이지 않는 에너지를 이
해하기까지 오랜 시간이 걸렸고 공부를 하면서 조금씩 이해가 가기 시
작했다. 보이지 않는 세계는 우리 주변에 무수히 많다는 것을 관심 가
지고 살펴보니 알 수 있었다. 공기나 빛을 눈으로 볼 수 없지만 없다고
할 수 없다. 마찬가지로 우리의 마음은 보이지 않지만, 그 마음대로 행
동한다는 것을 깨달았다. 컬러의 에너지가 무엇인지 이제는 이해가 되
었다. 나의 의지와는 다르게 반응하는 나의 세포들의 움직임과 반응을
느낄 때 더욱 확신할 수 있었다. 나의 타고난 컬러 기질로 그동안의 모
든 고민이 왜 그랬는지 인정할 수 있게 만들었다. 나는 깨달음이 있었
지만, 타인들도 그게 가능한지 궁금해서 임상을 시작했었다.

우선 부모와 아이들을 대상으로 CPA 검사를 이용해서 성향을 분석했다. 그동안의 검사들과 달리 CPA 검사는 짧은 시간 안에 아이의 본질적 잠재적 성향을 7장의 검사지로 자세하게 알려줌으로써 부모들의 만족감은 무척 컸다. 놀라운 것은 아이가 어려서 그냥 그러려니 했던 것들이 기질적 요소임을 알고 아이를 이해하며 고개를 끄덕이는 것을 보았다.

어떤 부모는 자녀와 갈등의 원천이 어디 있었는지 이해했고, 어떤 엄마는 남편과의 갈등 속에서 자기 자신을 돌아보기 시작했다. 원장과는 일 년에 한두 번 만나 이야기를 하는데 깊은 속을 드러내기는 어렵다. 그러나 검사지를 같이 보면서 상담을 하다가 가끔 우는 엄마들을 보고 컬러에 감정이 있음을 확신할 수 있었다.

CPA는 아이들의 인·적성뿐만 아니라 관계성에 대해 유용한 데이터를 제공함으로 부모들이 가족을 이해하고 고개를 끄덕일 때 참으로 만족스러웠다. 그중에서도 부모들이 자녀의 학습법에 가장 많은 흥미를 보인 것이 조금 씁쓸하게 느껴졌다. 바람이 있다면 학습보다는 기질에 더 관심을 가지고 자녀와 더 좋은 관계를 맺었으면 한다. 그냥 말로만 전하는 때로는 잔소리 같은 부모교육을 검사지를 통해 상담하고 그에 따른 기질 이야기를 전해주면 부모들은 정말 열심히 경청한다. 무지갯빛의 7가지 컬러 톡 부모교육을 한 번도 안 빠지고 열심히 참석한 부모들은 사랑스럽고 고맙게 느껴지기까지 했다.

임상을 거치면서 깨달은 것은 컬러의 성향이 맞고 틀림에 있음이 아니라는 것이다. 부모들은 컬러의 주제를 가지고 아이를 바라볼 수 있었으며 자연스레 그 주제를 가지고 깊이 있는 이야기를 할 수 있는 도구였음을 깨달았다. 에니어그램이나 MBTI 같은 설문지 검사는 아이들이 중학교 이상은 되어야 할 수 있지만 컬러는 아주 어린 아이들도 미리 기질을 예측하고 그 기질에 따라 존중할 수 있게 도와주니 유아교육을 하는 나로서는 참으로 반가웠다.

컬러의 빛의 소명은 그 컬러만의 고유한 반짝거림을 찾아주는 것이다. 컬러라는 도구를 내 인생에 만나게 하신 하나님께 감사하고 이런 검사를 만들어 12가지 컬러 성향으로 유아교육에 필요한 부모와 자녀의 관계를 명쾌하게 정립할 수 있도록 도와주신 이영좌 교수님께 감사드린다. 그리고 보니 이 글을 쓰기까지 참으로 감사한 분들이 문득 많이 생각난다. 컬러와 첫 만남을 갖게 하신 안경선 대표님. 의식 수준에 대해 알게 해주신 안진희 대표님. 반짝이는 아이디어들을 아낌없이 전해주신 김선애 대표님. 심리학 이론을 정립하도록 도와주신 이로쥬 대표님, 늘 인생의 멘토처럼 빛의 소명을 몸소 실천하시는 한금실 교수님, 그리고 무엇보다 글 쓰느라 바쁜 시간을 지지하고 격려해준 가족들에게 감사하고 싶다. 부디 이 책이 부모들과 아이들의 관계에 조금이라도 도움을 주는 빛과 같은 소명을 감당해주는 책이 되기를 기도한다.

오현주

내 아이를 위한 컬러 테라피

제1판 1쇄 | 2022년 1월 15일
제1판 2쇄 | 2022년 2월 15일

지은이 | 오현주
펴낸이 | 유근석
펴낸곳 | 한국경제신문*i*
기획제작 | (주)두드림미디어
책임편집 | 이향선   디자인 | 얼앤똘비악earl_tolbiac@naver.com

주소 | 서울특별시 중구 청파로 463
기획출판팀 | 02-333-3577
E-mail | dodreamedia@naver.com
등록 | 제 2-315(1967. 5. 15)

ISBN   978-89-475-4780-2 (13590)